Khadim NDIAYE

Fertilização dos girassóis

Khadim NDIAYE

Fertilização dos girassóis

Efeito da fertilização organo-mineral no crescimento e na produtividade do girassol em condições de sequeiro

ScienciaScripts

Imprint

Cover image: www.ingimage.com

This book is a translation from the original published under ISBN 978-620-6-72529-9.

Publisher:
Sciencia Scripts
is a trademark of
Dodo Books Indian Ocean Ltd. and OmniScriptum S.R.L publishing group

120 High Road, East Finchley, London, N2 9ED, United Kingdom
Str. Armeneasca 28/1, office 1, Chisinau MD-2012, Republic of Moldova, Europe
Printed at: see last page
ISBN: 978-620-8-22696-1

DEDICAÇÃO

*Louvado seja **Alá**, Senhor das criaturas, Clemente e Omnipotente, que nos concedeu saúde, a oportunidade de entrar nesta prestigiada escola, a ENSA, e a força e a coragem para levar a cabo este trabalho. Paz, bênçãos e saudações ao Alto Profeta **Muhammad (pbuh)**, à sua família, aos seus companheiros e à sua comunidade, bem como ao **Sheikh Ahmadou Bamba Khadim Rassoul**, nosso ilustre, venerado guia e homónimo.*

***É com profunda gratidão que dedico este trabalho**:*

♥ *Antes de mais, à minha querida mãe, **Mame Diarra Diop**, e ao meu querido pai**, Ngagne Demba Ndiaye**, que foram os pilares do meu percurso. Peço ao Todo-Poderoso que vos mantenha connosco durante muito tempo;*

♥ *Aos meus irmãos e irmãs: **Mbène (conhecida como Mme Kane), Modou, Sokhna, Awa, Gagnesiry** e*

***Nogoye Ndiaye**, que sempre me apoiaram e acompanharam em todas as fases da minha vida;*

♥ *Ao meu tio, **Papa Saliou Ndiaye**, cujo apoio foi crucial ao longo da minha carreira académica, bem como à minha querida avó**, Satou Ndiaye**, e às minhas tias, **Ndiollé Diop**, **Ngoné Diène**, **Woury Anne, Souna Ndiaye**, bem como a todos os membros da minha família, próximos ou distantes, pelo seu apoio constante ;*

♥ *À minha gémea na ENSA, **Mame Diarra Mbaye** (37ème* promotion*), pela sua disponibilidade e pela sua participação preciosa neste trabalho;*

♥ ***A todos os meus colegas da turma** 38e ENSA, as elites. Arrisco-me a mencionar toda a turma, mas saibam que ocupam um lugar especial no meu coração;*

♥ ***A todos os meus afilhados** da **promoção** 42ème, nomeadamente **Diène e Moustapha Thiaré, Modou Ngom, Salimata Dia, Marième Ndiaye, Babacar Ibn e Moustapha DIOP, Ibrahima Barry, Djily Ndiaye, Macoumba Ndiaye** ;*

♥ *Aos meus antigos professores da escola primária, do collège, do lycée e da ENSA, especialmente os mais recentes.*

Pr Talla Gueye, o falecido Dr. Makhourédia Diop**, o **Sr. Dame Diokhané, o Sr. Modou Ndiaye,

***Ibrahima Dieng**, **Thiouba Dieng**, **Seydou Sow** e **Ibrahima Badiane**;*

♥ *Aos meus amigos e colegas da escola primária, do collège, do lycée e da ENSA **Saliou** e **Pape Gueye**, **Abdou Khadre Djily Beye**, **Khaly Boye**, **Fallou Diop**, **Abdou Fall Dramé**, **Alasane Guissé**, **Oumy Ndiaye**, **Mouhamed Bâ, Malick Ndiaye Diop, Souleymane Sy** e **Cheikh Niang (38.ª promoção), Seydou Kâ** e **Ahmed Ndiaye (39.ª promoção)**;*

♥ *Assim como a todos aqueles que, a vários títulos, me deram a sua ajuda e simpatia.*

AGRADECIMENTOS

Não poderíamos ter escrito esta dissertação sem o seu contributo e apoio, de perto ou de longe, de uma forma ou de outra, num momento ou noutro; gostaríamos, por isso, de aproveitar esta oportunidade para expressar a nossa gratidão e os nossos sinceros agradecimentos. Em particular, gostaríamos de agradecer:

Ibrahima Diédhiou*, Diretor da ENSA, pelo trabalho notável que realiza na escola, tanto a nível administrativo como pedagógico, e pela honra que me dá ao presidir ao meu júri;*

Dr. Ahmed Tidiane Diallo*, meu orientador de dissertação, pela sua orientação, disponibilidade e imensa contribuição para a elaboração deste documento;*

Sr. Massamba Thiam*, Chefe do Departamento de Produção Vegetal, pelos seus ensinamentos, apoio e conselhos. Através de si, gostaríamos de agradecer a todos os outros professores que trabalham no departamento;*

Prof. Mamadou Tandiang Diaw*, Diretor de Estudos da ENSA. Através de si, gostaríamos também de agradecer a todo o pessoal PER e PATS da ENSA;*

O Sr. Ibrahima Sarr*, Diretor do CNRA em Bambey, que teve a amabilidade de nos acolher e que criou as condições necessárias para atingirmos os nossos objectivos;*

Dr. Malick Ndiaye*, chefe do departamento de agronomia da CNRA em Bambey, pela honra de ser o nosso supervisor de formação. Não podemos deixar de lhe agradecer a sua disponibilidade, o seu apoio, os seus conselhos e sobretudo o seu forte envolvimento neste trabalho. Os nossos mais sinceros agradecimentos a* ***Youssoupha Sankharé, Modou Ngom, Daouda Faye, Adama Ngom****, e a toda a equipa do departamento;*

Ao ***Sr. Aliou Ngom****, diretor da estação de Nioro, pela sua amabilidade, disponibilidade e apoio durante a nossa estadia. Gostaria também de fazer uma menção especial a* ***Macoumba Jabong e à sua família, Magueye Anne, Sra. Harandé Ka, Gora Kane, Mamadou Sène, Alasane e a sua esposa Astou, Mané, Mame Samba, Jean****, em suma, a todo o pessoal da estação pelo seu acolhimento caloroso e hospitalidade inigualável;*

A senhora Oumou Bessane, Mouhamed Tall e a sua mulher Amy, Gora *e todos os membros da minha família de acolhimento em Nioro pela vossa amabilidade e hospitalidade;*

Os meus colegas de turma*, o* **38ème** *, a elite, com quem partilhei um dos momentos mais* *bonitos e inesquecíveis da minha vida de estudante, em especial o meu companheiro de quarto do ano 1ère ao ano 5ème, **Modou Saliou SALL** e os meus colegas do departamento PV 2023;*

*Os meus anciãos, **Mouhamed Talla Kane (32ª promoção), Adama Sène (34ª promoção), Assane Diop (35ª promoção), Lamine Ngom (36ª promoção), Mame Diarra Mbaye** e **Aminata Diao (37ª promoção)** que contribuíram para a redação do presente documento. **Fallou Diouf, Daouda Basse, Serigne Modou Mbacké, Ousmane Pouye, Ibrahima Aw, Pape Omar Bousso, Badara Lô, Ahmadou Bamba Ndiaye, Khady Ndiaye**, em suma, toda a **turma 34^{a}, 35^{a}, 36^{a}** e **37^{a} da** ENSA, que me apoiaram, acompanharam, assistiram e aconselharam durante todo o meu tempo na escola;*

*Os meus cadetes das **promoções 39ème, 40ème, 41ème** e **42ème** pelo respeito e consideração que nos mereceram, bem como todos os membros da **Dahira Nouroul Mahanhidi da ENSA**, através do seu **Dieuwrigne Mourtalla Seck.***

RESUMO

O Senegal, país produtor de amendoim, está fortemente dependente das importações de óleos vegetais, o que constitui um desafio importante para a sua segurança alimentar. Neste contexto, o girassol foi identificado como uma cultura estratégica para diversificar as fontes locais de óleo e satisfazer as necessidades alimentares, nomeadamente na bacia do amendoim, onde os principais problemas são a diminuição da precipitação e a degradação dos solos. O desenvolvimento de técnicas de cultivo eficientes e adequadas deve, por conseguinte, ser considerado para a cultura do girassol no Senegal. Este estudo foi iniciado para avaliar os efeitos da fertilização organo-mineral no crescimento e na produtividade do girassol (Helianthus annuus L.) em condições de sequeiro na bacia do amendoal do centro-sul. O ensaio foi realizado na estação experimental de Nioro du Rip durante a estação chuvosa de 2023. O desenho experimental foi um desenho de blocos completos aleatórios com cinco repetições. O fator estudado foi o plano de fertilização com dez níveis: F0 = controlo absoluto; F1=300 kg.ha^{-1} de N-P-K (15-15-15) + 100 kg.ha^{-1} de ureia (46-0-0); F2= 150 kg.ha^{-1} de N-P-K (15-15-15) + 50 kg.ha^{-1} de ureia (46-0-0); F3=2.5 t.ha^{-1} de adubo "Toss Gui"; F4=3,75 t.ha^{-1} de adubo "Toss Gui"; F5=5 t.ha^{-1} de adubo "Toss Gui"; F6= F1 + F3; F7= F2 + F3; F8= F2+ F4; F9= F2+ F5. As variáveis monitorizadas e calculadas foram a fenologia, o crescimento, o rendimento e as suas componentes. Os resultados da análise de variância mostraram que o plano de fertilização não influenciou significativamente as variáveis de crescimento e fenologia. No entanto, nas variáveis de rendimento e seus componentes, apenas se registou um efeito significativo no rendimento de sementes (p=0,0361) e no peso de mil sementes (p=0,0196). No geral, os tratamentos F6 e F9 foram estatisticamente diferentes dos demais. As produções de sementes foram de 738,5±199,7 kg.ha^{-1} e 569,5±242,0 kg.ha^{-1} respetivamente nestes dois tratamentos. A produção de cabeças foi de 1504,8±390,3 kg.ha^{-1} (F6) e 1172,9±461,3 kg.ha^{-1} (F9). A biomassa registada foi de 1140,2±262,8 kg.ha^{-1} para o tratamento F6 e 721,9±334,3 kg.ha^{-1} para o tratamento F9. As plantas mais altas, observadas aos 60e dias após a sementeira, tinham uma altura média de 90,5±5,5 cm (F6) e 87,0±9,1 cm (F9). As datas de floração e maturação foram as mais precoces, com 48±1 e 64±1 dias, respetivamente. O peso médio de uma cabeça e o peso das sementes por cabeça foram de 51,1±4,6 g e 49,9±6,8 g, respetivamente. Os tratamentos F1 (50.000±18.408 plantas.ha^{-1}), F2 (51.250±14.225 plantas.ha^{-1}) e F5 (44.750±17.091 plantas.ha^{-1}) registaram as maiores densidades de plantas. Estes resultados mostram que a fertilização organo-mineral poderia ser recomendada para melhorar a produtividade do girassol no sul da bacia senegalesa do amendoim.

Palavras-chave: Bacia meridional do amendoim, fertilização organo-mineral, girassol, rendimento de sementes, Senegal.

ÍNDICE DE CONTEÚDOS

INTRODUÇÃO

O girassol (Helianthus annuus L.) é o 4e óleo vegetal mais consumido e a 4e semente oleaginosa mais produzida no mundo (USDA, 2018). Com quase 29 milhões de hectares cultivados, a produção anual de girassol em 2022 está estimada em 54,2 milhões de toneladas de sementes, ou 18,5 milhões de toneladas de óleo (FAOSTAT, 2023). No entanto, é de notar que esta grande produção está distribuída de forma muito desigual entre os continentes, com uma predominância da Europa. A África, por seu lado, dá uma pequena contribuição e depende das importações para compensar o défice. A produção de sementes de girassol e as importações de óleo de girassol em 2022 estão estimadas em 2,6 e 1,3 milhões de toneladas, respetivamente (FAOSTAT, 2023). O Senegal, um dos maiores produtores mundiais de amendoim, não consegue produzir óleo de amendoim suficiente para os seus habitantes, que são obrigados a consumir óleo de palma, de soja ou de girassol. Com um custo de 119,6 milhões de francos CFA gastos e um volume de 201 001 toneladas, os óleos e gorduras animais e vegetais ocupam o 3º lugar[e] entre os bens de consumo mais importados (ANSD, 2023). Entre 2018 e 2021, foram importadas 61.113 toneladas de óleo de girassol, ou seja, 27% das importações de petróleo na África Ocidental (FAOSTAT, 2023). Esta forte dependência das importações é, sem dúvida, uma fonte de insegurança alimentar. Neste contexto, o governo senegalês criou a Estratégia Nacional de Segurança Alimentar e Resiliência (SNSAR), que tem como objetivo diversificar as fontes de óleo vegetal e de proteínas locais para ajudar a satisfazer as necessidades alimentares do país. O girassol, uma cultura oleaginosa e proteica, é apontado como uma cultura prioritária na SNSAR. Com baixo consumo de fertilizantes, menos sensível ao stress hídrico e adequado para todos os sistemas de produção de sequeiro e regadio (Agreste, 2014; Yerima et al., 2014), o girassol tem um bom perfil para o cultivo na zona agro-ecológica da Bacia do Amendoim.Com 57% da terra arável do país, a Bacia do Amendoim continua a ser a principal região agrícola do país (Tounkara et al., 2022). Infelizmente, está a enfrentar uma queda significativa da precipitação e uma grave degradação das terras (Tounkara et al., 2022), resultante de uma combinação de factores climáticos, do solo e humanos. A baixa disponibilidade de nutrientes no solo é um dos principais factores limitantes da produção agrícola nos agrossistemas da região (Tounkara et al., 2020). Os agricultores também têm dificuldade em aceder a estes factores de produção devido ao seu elevado custo, aos baixos rendimentos e ao financiamento limitado. É por isso que é necessário desenvolver técnicas de fertilização que sejam acessíveis aos agricultores, aumentando assim os rendimentos e garantindo simultaneamente uma melhoria sustentável do estado do solo, a fim de satisfazer as exigências das alterações climáticas, mas também de ajudar a erradicar a fome e a insegurança alimentar. Fertilização A fertilização organo-mineral, uma abordagem baseada na aplicação de uma mistura de fertilizantes orgânicos e minerais, está a emergir como uma estratégia promissora para aumentar os rendimentos e estabilizá-los de um ano para o outro (Pieri, 1989).Na África subsariana, muita investigação tem demonstrado a importância de combinar a utilização de fertilizantes minerais e matéria orgânica de uma forma adaptada às condições locais, a fim de obter rendimentos satisfatórios de cereais (Akanza e Yoro, 2003; Akanza et al, 2016; Yerima et al., 2014; Ouandaogo et al., 2016; Somda et al., 2017; Faye, 2022). No entanto, existe uma falta de informação agrícola sobre a fertilização óptima e a rentabilidade da produção de girassol, nomeadamente no Senegal.

Nesta perspetiva, o governo senegalês, através do Institut Sénégalais de Recherches Agricoles (ISRA), decidiu colaborar com a AGROPOL para a realização de ensaios de fertilização de culturas oleaginosas nas estações. O objetivo geral desta dissertação é contribuir para a promoção da cultura do girassol no sul da bacia senegalesa do amendoim através do desenvolvimento de técnicas de cultivo eficientes e adequadas. Mais especificamente, o objetivo é avaliar os efeitos de diferentes planos de fertilização no crescimento e na produtividade do girassol. O documento está estruturado em três (3) capítulos: uma revisão da literatura sobre a cultura do girassol e a fertilização organo-mineral, uma descrição da abordagem metodológica utilizada neste estudo e uma apresentação dos resultados obtidos, seguida da sua discussão. Em conclusão, recomendações para futuras investigações sobre o potencial impacto deste estudo.
sobre a agricultura senegalesa.

CAPÍTULO I

RESUMO BIBLIOGRÁFICO PARTE A: CULTURA DO GIRASSOL

I.1. Taxonomia e classificação botânica

O nome científico do girassol, Helianthus annuus Linnaeus (L.), refere-se à forma caraterística da sua inflorescência composta, a cabeça da flor. Provém das duas palavras gregas "Helios" e "Anthos", que significam, respetivamente, "sol" e "flor". O girassol é, portanto, uma espécie de "flor do sol". O nome francês deriva da tendência da planta para se virar para o sol durante o dia (Evon, 2008).

O girassol cultivado é uma planta anual, diploide (2n=34) pertencente ao filo Spermaphytes, subfilo Angiospermas, classe Dicotyledons, ordem Synanthera, família Asteraceae, subfamília Tubuliflora, tribo Heliantheae, género Helianthus e espécie annuus (Nouri et al., 2011; Ramde, 2014).

I.2. Origem, domesticação e distribuição

A domesticação do girassol começou na América do Norte. As provas arqueológicas indicam que os índios cultivavam a planta já em 3000 a.C. (antes de Jesus Cristo), provavelmente para extrair corantes da casca e comer os grãos (Heiser, 1985; Doré e Varoquaux, 2006). O girassol foi então introduzido na Europa no século XVIe , via Espanha, onde durante muito tempo foi considerado apenas como planta ornamental. Foram os russos que transformaram o girassol numa oleaginosa cultivada no campo, na segunda metade do século XVIIIe . É por esta razão que a Rússia é considerada um centro secundário de domesticação do girassol. ^{e}Foi só no século XIX que a cultura do girassol se desenvolveu na Europa de Leste, depois na Europa Ocidental e, por fim, através do Oceano Atlântico até África.

I.3. Caraterísticas botânicas e fisiológicas

As principais caraterísticas morfológicas e fisiológicas, como a altura, o diâmetro da cabeça da flor, a duração do ciclo vegetativo, o tamanho da semente e o teor de óleo, dependem muito do solo e do clima em que o girassol é cultivado (Merrein, 1986). A altura da planta pode ultrapassar os dois metros. Para além da semente, a planta é composta por três partes (Evon, 2008).

I.3.1. Sistema radicular

A raiz principal é do tipo axial e pode crescer até 2 m de profundidade (Mazoyer, 2002). Embora a raiz axial possa ultrapassar esta profundidade, não é muito agressiva em relação aos obstáculos do solo (Ramde, 2014). Desenvolve também um grande sistema radicular superficial. As raízes secundárias estão principalmente presentes à superfície. O seu número e diâmetro diminuem com a distância da superfície. São mais finas e mais curtas de acordo com Aguirrezabal (1993) e Thebaud (2012) citados por Ramde (2014) (**Figura 1**).

I.3.2. Parte aérea

É constituído pelo caule (2 a 7 cm de diâmetro), reto, rígido, cilíndrico e mais ou menos pubescente consoante o genótipo, e pelas folhas (cordadas e mais ou menos dentadas, entre 20 e 40 por caule na maior parte dos híbridos atualmente cultivados (Bonjean, 1993; Nouri et al., 2011)) que nele se inserem (Evon, 2008). O caule dos girassóis cultivados é encimado por uma única cabeça de flor. Tem tendência a curvar-se ligeiramente sob o peso da cabeça da flor madura. O grau de curvatura do caule é de importância fundamental, pois determina o ângulo da cabeça da flor em relação ao caule e, por conseguinte, a capacidade de proteger os floretes e os aquénios do stress climático e das aves (Bonjean, 1993; Seiler, 1997). As folhas têm formas e tamanhos variados; as maiores encontram-se entre os nós 4e e 10e . Desempenham um papel importante na produção das reservas lipídicas da semente (Evon, 2008). (**Figura 1**).

I.3.3. Capítulo

É o sistema reprodutor da planta. O seu diâmetro pode variar, em média, entre 10 e 40 cm na maioria dos híbridos atualmente cultivados. A cabeça da flor apresenta dois tipos de flores (Nooryazdan, 2009) (**Figura 1**): as flores periféricas que formam uma ou duas filas à volta do bordo da cabeça da flor. São várias dezenas por planta e têm um carácter puramente decorativo, pois são estéreis. São grandes e a sua cor varia do amarelo-limão ao laranja ou avermelhado;

• flores tubulares ou floretes no centro, que constituem a maior parte da cabeça da flor. Os floretes são hermafroditas e estão dispostos de acordo com caraterísticas geométricas muito específicas. O número potencial de floretes varia, em função do diâmetro da cabeça da flor, entre 60 e 3500. A morfologia floral e a dinâmica da floração fazem com que os girassóis sejam tendencialmente alógamos. A morfologia floral e a dinâmica da floração fazem com que os girassóis sejam tendencialmente alogâmicos. No entanto, a auto-incompatibilidade da planta é muito variável. A polinização é quase entomófila. As abelhas e os zangões são os principais polinizadores do girassol (Demol et al., 2002). A flor é muito atractiva e o número de visitantes é muito elevado.

I.3.4. Semente

De acordo com a descrição dada por Karleskind (1996) e Kartika (2005) citados por Ramde (2014), o fruto do girassol, vulgarmente conhecido como "semente", é um aquénio geralmente constituído por uma amêndoa e um pericarpo ou casca. A amêndoa é composta principalmente por gordura (44%), proteína (16%), celulose (16%), água (7%) e outros elementos como minerais e amido (Le Clef e Kemper, 2015; Terres Univia e Terres Inovia, 2022). A composição em ácidos gordos das sementes pode ser muito rica em ácidos linoleicos (67%) nos girassóis ditos clássicos, ou em ácidos oleicos (80%) nos girassóis oleicos (Terres Univia e Terres Inovia, 2022). A casca representa 20 a 40% do peso total da semente (Ramde, 2014) (**Figura 1**).

Botões frescos Sementes colhidas

Figura 1: Morfologia do girassol (Fotos tiradas por mim)

I.3.5. Ciclo de desenvolvimento vegetativo

O ciclo vegetativo completo do girassol dura entre 100 e 170 dias, consoante a variedade e as condições de cultivo (OCDE, 2006). O ciclo vegetativo do girassol é constituído por uma sucessão de cinco fases: germinação e emergência (aparecimento dos cotilédones), fase vegetativa (estabelecimento das folhas), floração (aparecimento do botão floral seguido do desabrochar da cabeça da flor e da formação das sementes) e maturação (enchimento das sementes e secagem da planta) (Evon, 2008). Estas fases foram descritas por vários autores

(Merrien e Milan, 1992; Schneiter e Miller, 1981; Rollier, 1972; Evon, 2008):

• **A germinação e a emergência (A0-A1)** demoram 7 a 10 dias e dependem da humidade da cama de sementes e da temperatura do solo, com um limiar mínimo de 4°C e um ótimo próximo de 8°C, segundo Terres Inovia (2023) (**Figura 2**);

• **a fase vegetativa (A2-B10) ou fase de emergência 4-5 pares de folhas**: dura em média 30 dias (Nouri et al., 2011). A planta estabelece as suas partes aéreas, em particular os colectores de energia solar, bem como o seu sistema de raízes axiais (**Figura 2**);

• **Botão floral (B11-F1)**: correspondente ao aparecimento e desenvolvimento do botão, é a fase de crescimento mais ativa da cultura, com uma formação de matéria seca que pode atingir 200 kg. ha^{-1} por dia (INA P-G, 2003). Este período vai geralmente do dia 40e ao dia 50e e caracteriza-se por um crescimento espetacular da superfície foliar e do sistema radicular; é também o período de máxima absorção dos elementos minerais (azoto, fósforo, potássio, boro, etc.) (**Figura 2**);

• **Floração (F1-F3)**: este período, que dura 15 a 21 dias para o conjunto da parcela e 8 a 10 dias por planta, é caracterizado pela protandria, quando as anteras libertam o pólen no primeiro dia (estádio masculino), seguido da extensão do estilo no dia seguinte (estádio feminino) (**Figura 2**);

• **a fase de enchimento da semente ou fase de priming ou maturação (M0-M4)**: é a fase em que os ácidos gordos e as novas proteínas são sintetizados a partir de aminoácidos derivados da degradação das proteínas das folhas e do caule. O crescimento da matéria seca é limitado a cerca de 30 g. ha^{-1} (**Figura 2**).

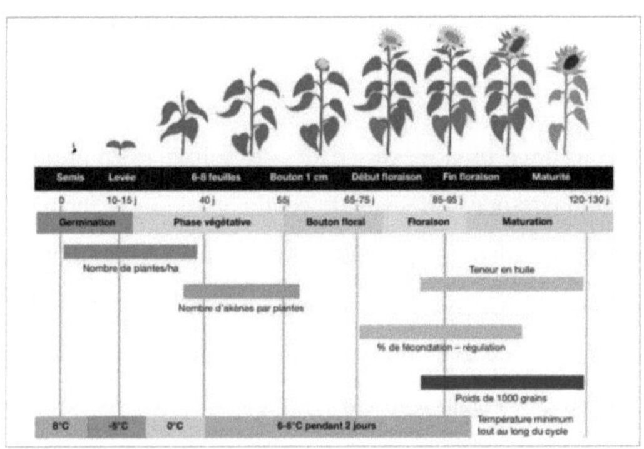

Figura 2: Principais etapas do cultivo do girassol descritas por "Mas seeds" em 2024

I.3.6. Heliotropismo

A particularidade da planta reside no seu heliotropismo, segundo o qual a cabeça do girassol se orienta para seguir a trajetória do sol ao longo do dia, de leste e sudeste de manhã a noroeste ao fim da tarde, para se proteger da luz solar direta, das intempéries e dos ataques dos pássaros (Evon, 2008). Com a aproximação da maturidade, o caule dobra-se ligeiramente, quer devido ao peso da cabeça da flor, quer sobretudo devido a um fenómeno geneticamente controlado. Na origem desta capacidade está uma hormona vegetal chamada auxina.

I.4. Ecologia

I.4.1. Clima

Os girassóis crescem em zonas onde a temperatura média anual varia entre 6 e 28°C e onde a precipitação anual se situa entre 200 e 400 mm. Cresce principalmente em altitudes médias a elevadas nas zonas tropicais. As plantas jovens podem tolerar geadas ligeiras. Os girassóis só se desenvolvem em zonas com muito sol. No entanto, há pouco efeito fotoperiódico (Vear, 1992).

Graças ao seu sistema radicular eficiente, o girassol é uma espécie relativamente bem adaptada à seca, principalmente devido ao seu elevado potencial de extração de água do solo (Hattendorf et al. (1988) citado por Nooryazdan, (2009)). Com necessidades térmicas entre 1570 graus dia para as variedades precoces e 1700 graus dia para as variedades tardias (Agridea, 2007), o girassol é menos exigente em termos de calor do que outras culturas de verão.

I.4.2. Solo

O girassol adapta-se a uma grande variedade de solos, mas prefere os que aquecem rapidamente. Cresce numa grande variedade de condições de solo, incluindo laterite, calcário, toxicidade de alumínio, salinidade e areia. O pH do solo varia de 4,5 a 8,7, com um ótimo entre 6 e 7,2. No entanto, é sensível a solos ácidos e encharcados, mas não muito tolerante ao sal, com uma queda de cerca de 20% no teor de óleo quando a salinidade excede 0,25 a 1,2 $S.m^{-1}$. A germinação só é afetada se a concentração de sais no solo for superior a 0,7% (Soltner, 2005).

I.5. Agronomia

I.5.1. Preparação do solo

O girassol é particularmente exigente em termos de densidade de enraizamento e de emergência. Se o solo estiver compactado ou frágil, é indispensável uma mobilização profunda (20 a 30 cm) com ou sem lavoura. A sementeira direta e a mobilização muito superficial (menos de 5 cm) não são, em caso algum, recomendadas para os girassóis, pois não produzem uma densidade de emergência nem uma qualidade de enraizamento suficientes. Qualquer obstáculo ao desenvolvimento do pivot pode provocar uma perda de mais de 5 q. ha^{-1} e uma diminuição do teor de óleo (Terres Inovia, 2023).

I.5.2. Semeadura

A sementeira requer uma preparação cuidadosa da cama de sementes para assegurar um bom contacto solo-semente e uma temperatura adequada do solo (8 a 10°C nos primeiros 5 cm) para uma germinação e emergência eficazes e uniformes.

A data de sementeira é determinada em função das condições climáticas locais, de modo a reduzir o risco de stress hídrico na floração (Mazoyer, 2002). A sementeira tardia deve ser evitada, pois tende a reduzir o peso específico (Putnam et al., 1990). °Os girassóis são semeados por volta da segunda quinzena de abril ou no início de maio (Ahmed, 2022). A Société de Développement et des Fibres Textiles (SODEFITEX) recomenda a sementeira do girassol entre 10 e 25 de julho, na sequência de ensaios efectuados em 2004 na região agro-ecológica do Senegal Oriental. Se for semeado antes deste período, existe um risco de podridão da cabeça com as chuvas de outubro. Para além deste período, o ciclo pode não se completar com a cessação antecipada das chuvas (o que é muito provável). A taxa de sementeira é de 8 $kg.ha^{-1}$. A sementeira pode ser efectuada com um semeador de tração animal "Super Eco". A utilização de um disco de 18 furos permite uma boa regularidade de emergência ao longo da linha de sementeira (20 cm entre cachos) e uma densidade aceitável (66 000 $plantas.ha^{-1}$) com um espaçamento entre linhas de 75 cm (SODEFITEX, 2005).

I.5.3. Fertilização

De acordo com Temagoult (2009), as doses recomendadas de azoto são moderadas (não mais de 80 unidades). O girassol necessita de 4 a 4,5 kg de azoto absorvido por quintal produzido (Mas seeds, 2024). Quando aplicado em excesso, o azoto favorece a exuberância da vegetação, o desenvolvimento de doenças (Sclerontinia, Phomopsis, Botrytis) e o atraso da maturação.

Por outro lado, um défice de azoto conduz a uma perda de rendimento devido a uma redução do número de sementes por cabeça de flor e a uma diminuição da atividade fotossintética. As entradas de azoto devem, portanto, ser cuidadosamente consideradas. Uma sobrefertilização de 50 unidades significa uma perda de 5 $q.ha^{-1}$; uma subfertilização significa uma perda de 4 a 6 $q.ha^{-1}$ (Mas seeds, 2024).

O girassol é moderadamente exigente em potássio e pouco exigente em fósforo. A fertilização com fósforo e potássio pode ser limitada a 40-60 unidades por hectare com uma fertilização normal e a 50-70 unidades com uma fertilização reforçada (Temagoult, 2009). As exportações são de 1,2 unidades de fósforo e 1,05 unidades de potássio por quintal produzido (Terres Inovia, 2023(a)).

O boro é um oligoelemento essencial cuja deficiência pode levar a uma redução da produtividade e do teor de óleo. Os solos de risco incluem solos arenosos, calcários, compactados com um pH >8 ou com baixos níveis de boro. Recomenda-se, portanto, efetuar aplicações preventivas de boro no solo à razão de 2 $kg.ha^{-1}$ ou através de adubações foliares com doses de 300 a 500 $g.ha^{-1}$, entre o estádio de 10 folhas e o momento em que a altura da planta se situa entre 55 e 60 cm).

Observam-se por vezes deficiências de molibdénio nos girassóis, principalmente em parcelas de solos ácidos. Em geral, os sintomas são ligeiros e desaparecem rapidamente (Terres Inovia, 2023(a)).

I.5.4. Necessidades de água e irrigação

O girassol é uma cultura de primavera particularmente bem adaptada às condições de seca, graças ao seu sistema radicular eficaz na extração de água do solo. No entanto, é sensível ao stress hídrico entre a fase de botão floral e o fim da floração, necessitando de uma média de 230 mm de água para atingir um rendimento superior a 40 $q.ha^{-1}$. Durante este período crítico, a irrigação é particularmente benéfica em solos leves. Duas aplicações de 35 a 40 mm de água cada (a primeira antes da floração e a segunda depois) podem aumentar o rendimento em 8 a 10 $q.ha^{-1}$ e melhorar o teor de óleo em 2 pontos (Mas seeds, 2024).

I.5.5. Inimigos da cultura

- **Doenças**

A classificação dos agentes patogénicos do girassol proposta por Guyla et al (1997) permite distinguir as diferentes doenças que atacam a planta. Estas incluem as doenças fúngicas, as doenças bacterianas das folhas e as doenças virais (vírus do mosaico do girassol, mancha amarela do girassol, etc.). No entanto, as doenças mais graves são causadas por fungos, nomeadamente a ferrugem (Puccinia helianthii), o míldio (Plasmopara halstedii ou P. helianthi), a murcha de Verticillium, as podridões branca (Sclerotinia sclerotium) e cinzenta (Botrytis cinerea) do caule e da espiga, a phoma (Phoma macdonaldii), a phomopsis (Diaporthe helianthi) (Agridea, 2007) e a síndrome de dessecação precoce (Bret-Mestries et al., 2016). Os girassóis também são susceptíveis a outras doenças secundárias, como a alternaria (Alternaria helianthi) e a podridão do carvão (Macrophomina phaseoli).

Os tratamentos contra as doenças fúngicas do girassol são ineficazes ou ineficientes. A única coisa a procurar é a resistência varietal, daí os grandes esforços efectuados pelos criadores (Soltner, 2005). Do mesmo modo, as práticas culturais como a rotação, a fertilização moderada e equilibrada, o bom arejamento do solo, a sementeira a uma densidade não demasiado elevada, uma boa irrigação e, por vezes, uma colheita precoce são também meios de luta contra a doença. Em certos casos, são necessários tratamentos fungicidas, quer por tratamento de sementes quer por pulverização na fase "limite do trator". (Temagoult, 2009). Recomenda-se uma rotação de quatro anos para o girassol, principalmente devido à sua elevada suscetibilidade à esclerotinia. Nos anos intermédios, devem ser evitadas outras culturas de folha larga (Temagoult, 2009).

Pragas

A matéria orgânica mal incorporada, as temperaturas amenas e as técnicas culturais simplificadas, que não destroem nem enterram os resíduos de cultura, favorecem o desenvolvimento de lesmas, pulgões e vermes, que provocam o amarelecimento das folhas e dos botões florais ou das cabeças, o abrandamento do crescimento, a emergência irregular e o desaparecimento de plântulas e cotilédones. A presença de lesmas na emergência exige frequentemente um tratamento químico com insecticidas como as helicidas (Mazoyer, 2002); os vermes são controlados por tratamento das sementes; os afídeos em caso de surto precoce na fase de 2-3 pares de folhas (Soltner, 2005).

Os danos causados pelas aves são um problema grave em todas as regiões produtoras de girassol do mundo. Ocorrem desde o início da maturação até à colheita, mas parecem ser mais graves nos primeiros 18 dias após a antese. Os pequenos pardais (Passeridae) e as espécies maiores, como os corvos (Corvidae) e os papagaios (Psittacidae), comem as sementes (Linz et al., 1997). As medidas acústicas (detonações, chamadas de socorro das aves) são meios de controlo diretos e eficazes, mas apenas temporariamente (Agridea, 2007).

- **Ervas daninhas**

Quando se depara com problemas de povoamento ou quando a rotação não é respeitada, o girassol pode desenvolver uma flora específica constituída por trapoeraba, Ammi majus, Xanthium ou girassol selvagem, contra os quais é pouco competitivo e será difícil de controlar (Lecomte e Nolot, 2011). O controlo é efectuado na altura da sementeira ou antes da emergência, utilizando produtos com um largo espetro de ação sobre as infestantes mais comuns. A sacha é uma solução de recuperação até ao limite da passagem do trator (Mazoyer, 2002).

Os girassóis podem também ser parasitados pela vassoura-de-bruxa, que causa graves danos na Europa de Leste e em Espanha (Lepennetier, 2015). O prolongamento das rotações através da integração de espécies falsas hospedeiras ou da utilização de variedades com uma suscetibilidade muito baixa a baixa pode fazer face aos principais riscos presentes na zona em causa em caso de presença moderada a elevada de Orobanche cumana (Terres Inovia, 2023(b)).

I.5.6. Colheita e pós-colheita

Os girassóis atingem a maturidade quando a parte inferior da cabeça da flor fica amarela e as brácteas ficam castanhas, com períodos de colheita que variam entre o final de agosto e o início de outubro, dependendo de vários factores. A colheita tardia pode levar a perdas de sementes devido a pássaros, acamamento ou doenças, enquanto a colheita demasiado cedo aumenta as impurezas e os custos de secagem (INA P-G, 2003). O intervalo de humidade ideal para a colheita situa-se entre 15% e 9% para atingir o rendimento máximo (Syngenta, 2013).

A colheita é efectuada com uma ceifeira-debulhadora equipada com tabuleiros com bordos elevados, fixados à frente da barra de corte para recolher os caules e as sementes que caem à frente da lâmina (Soltner, 2005). Os resíduos de caules e de cabeças de flores são geralmente deixados no campo após a passagem da ceifeira-debulhadora e são posteriormente enterrados com a parte do caule cortada durante a colheita. Esta prática devolve ao solo cerca de 7 toneladas de matéria seca por hectare, equivalente a 1,2 a 1,5 toneladas de húmus, o que favorece o retorno ao solo dos elementos minerais retirados pela planta (Soltner, 1986; Evon, 2008). A debulha consiste em cortar os caules do girassol abaixo da cabeça da flor, a cerca de meia altura. As cabeças assim libertadas são debulhadas para separar e recuperar as sementes. As sementes são depois limpas e secas antes de serem armazenadas em silos e comercializadas. Antes, durante ou após a passagem da ceifeira-debulhadora, as sementes podem perder-se por estilhaçamento natural antes do corte, na frente da máquina ou após a debulha.

I.6. Importância da cultura do girassol

Tal como a soja e a colza, o girassol (Helianthus annuus L.) é uma cultura oleaginosa anual, cultivada principalmente pelo teor de óleo das suas sementes e também como cultura proteica devido ao seu elevado teor de proteínas (Evon, 2008).

eFoi cultivado até ao século XV pelos índios americanos para fins alimentares (consumo das suas sementes cruas ou sob a forma de farinha) mas também para outras aplicações (medicinais, corantes, etc.) (Evon, 2008). Os girassóis foram inicialmente utilizados para fins ornamentais. Ganhou popularidade pelas suas sementes, que são consumidas cruas ou torradas.

I.6.1. Principais aplicações

As sementes de girassol são principalmente utilizadas para consumo humano, quer como óleo comestível (43% das sementes), quer como sementes de variedades não oleaginosas. A farinha de girassol (55% da semente), obtida após trituração, é considerada uma fonte alternativa de proteínas na alimentação do gado. Finalmente, o girassol pode ser utilizado para fins não alimentares, como a produção de biocombustível a partir do seu óleo (Ahmed, 2022; Ramde, 2014; Temagoult, 2009; Ebrahimi, 2008; Mazoyer, 2002; Putnam et al., 1990).

❖ **Alimentação humana**

O óleo de girassol é geralmente considerado um óleo de qualidade superior devido à sua cor clara, ao elevado teor de ácidos gordos insaturados, à ausência de ácido linolénico e de ácidos gordos trans, ao sabor neutro, à elevada resistência à oxidação e aos elevados pontos de fumo (Ebrahimi, 2008). É também utilizado no fabrico de margarina. O girassol pode ser consumido torrado ou sem casca e é utilizado em alimentos transformados, como barras de cereais, pão, etc.

❖ **Alimentos para animais**

Uma vez extraído o óleo da semente de girassol, resta a farinha, que se caracteriza pelo seu elevado teor de azoto (45-55%), bem como pela sua riqueza em metionina e vitaminas do grupo B, que são utilizadas como alimento complementar para o gado. Em comparação com outros bagaços, o bagaço de girassol tem um melhor equilíbrio fosfocálcico. O girassol pode também ser utilizado como cultura de ensilagem em zonas onde a estação é demasiado curta para produzir milho maduro para ensilagem.

- **Biocombustível**

Face ao petróleo caro e que em breve escasseará, vários países (principalmente os desenvolvidos) viraram-se para os biocombustíveis. O óleo de girassol pode ser utilizado como agrocombustível para motores diesel, ou diretamente como óleo vegetal puro (PVO), ou como éster metílico após esterificação. Sem emissões de enxofre, com menos 25% de emissões de subprodutos de azoto e com três vezes menos CO2 libertado durante a combustão, o combustível de girassol é altamente relevante hoje em dia, dada a necessidade de reduzir os gases com efeito de estufa.

- **Indústria lipoquímica**

As diferentes partes da planta do girassol podem também ser utilizadas no fabrico de tintas, resinas, plásticos, sabões, cosméticos, detergentes e muitos outros produtos industriais. As cascas podem ser utilizadas para a produção de etanol e furfural, enquanto os caules são utilizados como fonte de fibras para tecidos e papel.

- **Utilização da planta na apicultura**

Os girassóis são populares entre as abelhas devido ao seu longo período de floração e ao grande número de flores por hectare. A produção de pólen e de néctar varia consoante a variedade, o solo e o clima. A produção pode variar de uma a duas colheitas (16 kg) por colmeia num mês. O mel de girassol caracteriza-se pela sua cor dourada, o seu aroma fresco e o seu elevado poder adoçante, além de ser rico em vitaminas (Temagoult, 2009).

- **Utilização da planta em horticultura**

Na horticultura, esta planta destaca-se pelas suas inflorescências espectaculares e decorativas. Consoante o uso a que se destina, as variedades diferem consideravelmente, nomeadamente em termos de ramificação, número e cor das flores, etc. (Temagoult, 2009) (**Figura 3**).

FloristanInca JewelsItalian WhiteCaixa de música Sunbeam

Anel de FogoSunrich Prado Sunrich LimãoSunrich LaranjaSundance Kid

Figura 3: Algumas variedades de girassol utilizadas na horticultura (Temagoult, 2009)

I.6.2. Interesse agronómico

O girassol apresenta numerosas vantagens agronómicas e ecológicas (Sarron, 2016):

- Destaca-se, em particular, pela sua capacidade de controlar o crescimento de ervas daninhas, facilitando assim o retorno efetivo das culturas subsequentes;
- a sua vasta gama de variedades, que oferecem uma tolerância apreciável a diversas doenças como a phomopsis, a esclerotinia e o míldio;
- Após uma cultura de girassol, a superfície do solo está em boas condições estruturais, o que o torna ideal para a plantação subsequente de outras culturas, como o trigo;
- A colheita precoce liberta tempo para outras actividades agrícolas, tornando-a uma escolha atractiva para as rotações de culturas;
- do ponto de vista ambiental, os girassóis requerem geralmente uma utilização muito reduzida de produtos fitossanitários, o que contribui para reduzir o seu impacto no ambiente.

I.7. Realizações e perspectivas de investigação

Até 1975, as variedades cultivadas eram populações heterogéneas em que era difícil conjugar uniformidade e vigor, mas a partir dos anos 60, a Europa Ocidental relançou a cultura utilizando populações obtidas na Rússia.

As primeiras variedades híbridas F1 foram criadas em França. Estes trabalhos conduziram à descoberta da esterilidade masculina nucleocitoplasmática (Leclercq em 1969). Este sistema, que permite a criação de variedades híbridas F1, permitiu combinar melhor a uniformidade, a produtividade, a qualidade e a resistência ao acamamento e às doenças. A cultura do girassol é marcada por uma luta sem tréguas contra as doenças. Foram realizados progressos significativos em matéria de tolerância à Phomopsis do girassol, à podridão branca da cabeça e à resistência às novas raças de míldio. Os progressos significativos alcançados podem ser explicados pela utilização bem sucedida de uma série de ferramentas de melhoramento vegetal: mutagénese, cruzamentos interespecíficos, cultura in vitro e marcação, que complementam a seleção e os testes de campo que ainda hoje constituem a base da criação de variedades. As caraterísticas mais importantes melhoradas foram :

- rendimento: um bom rendimento é a principal qualidade exigida. A passagem para as variedades híbridas F_1 contribuiu de forma significativa para a melhoria do rendimento;
- resistência ao acamamento: as variedades recentes são quatro vezes mais resistentes ao acamamento do que as variedades desenvolvidas na década de 1970. Atualmente, é muito raro ver culturas de girassol que se alojam. Esta maior resistência ao acamamento é uma componente importante da estabilização do rendimento.

Melhorar a resistência e as caraterísticas agronómicas do girassol em condições de seca constitui atualmente um desafio ambiental e económico importante. A melhoria da produtividade do girassol baseia-se em duas abordagens complementares: a otimização da gestão das culturas e a seleção de genótipos com caraterísticas interessantes (Temagoult, 2009).

I.8. Implementação e desenvolvimento da cultura do girassol no Senegal

Introduzido no Senegal em 2004 para fins experimentais, o programa de extensão do girassol começou em 2006/2007 em 58 hectares em duas zonas agro-ecológicas (a zona intermédia, representada pelo sítio de Sare El Hadji e a unidade de experimentação multi-local de Dialakoto (AMEX), e a zona norte, representada pelo AMEX de Koussanar e o sítio de investigação e desenvolvimento (I&D) de Aïnouman), com duas variedades (ALLIUM e ALL STAR).D) sítio de Aïnouman), com duas variedades (ALLIUM e ALL STAR) para uma produção de 42.798 kg, ou seja, um rendimento de 738 $kg.ha^{-1}$. Em 2007/2008, a produção comercializada foi de 80.220 kg numa superfície efectiva de 150 ha, com um rendimento final de 532 $kg.ha^{-1}$. Em 2008/2009, a produção foi de 45 toneladas em 120 ha e em 2009/2010 de 20 toneladas em 70 ha, ou seja, 300 $kg.ha^{-1}$. As sementes híbridas foram utilizadas nas duas primeiras épocas, com um subsídio de 75% do preço (CFAF 4.500 por kg). As sementes compostas foram utilizadas nas duas épocas seguintes para eliminar o subsídio e reduzir o custo do pacote técnico. Embora alguns resultados individuais sejam interessantes, a maioria dos produtores está a lutar para atingir 800 $kg.ha^{-1}$, o que constitui uma desvantagem para a rápida expansão da cultura. Os baixos rendimentos obtidos podem ser atribuídos a vários factores, incluindo a falta de domínio das técnicas de cultivo e o desvio de factores de produção para outras culturas consideradas mais rentáveis pelos produtores. A venda do óleo é certamente rentável, gerando excedentes de mais de 150 FCFA por litro, mas existe um problema de transformação do produto (SODEFITEX, 2005 e 2011).

Em 2023, uma equipa multidisciplinar comprometeu-se a promover a cultura do girassol de sequeiro no Senegal, com o objetivo de favorecer a autossuficiência alimentar. A iniciativa começou com uma fase-piloto de vinte hectares na bacia do amendoim, envolvendo 120 agricultores. Com base no sucesso desta fase inicial, os planos futuros incluem a compra de colheitas a preços atractivos para a constituição de um banco de sementes, a expansão da cultura para as regiões de Sine-Saloum e Casamance até 2024, e a transformação do girassol em óleo e alimentos para animais.

O girassol tem muitas vantagens e a sua produção pode ser aumentada e intensificada. Os promotores privados (como a AGROPOL) estão a unir esforços com o governo senegalês para aumentar a produção de girassol em zonas agro-ecológicas específicas. Esta iniciativa é vista como uma forma de satisfazer a elevada procura de óleo e bagaço de oleaginosas no país e de melhorar a taxa de utilização das unidades agro-industriais locais. O girassol apresenta uma série de vantagens, nomeadamente o seu elevado teor de óleo (45-50%), a sua farinha rica em proteínas e a possibilidade de reciclagem dos seus resíduos na agricultura para enriquecimento dos solos e energia. Tem também a vantagem de evitar os problemas de aflatoxinas associados ao amendoim (Ramde, 2014).

A cultura do girassol no Senegal contribuirá para desenvolver a agroindústria, criar riqueza e emprego para os jovens e diversificar as fontes de oleaginosas. No entanto, há falta de informação e de ensaios actualizados sobre as variedades e a fertilização do girassol (os últimos estudos de que temos conhecimento datam de 2006). É necessária investigação para determinar as variedades adaptadas às condições locais (que entretanto mudaram) e os planos e doses de fertilização adequados a cada zona agro-ecológica, a fim de controlar a cultura do girassol e fornecer sementes de qualidade aos produtores senegaleses.

PARTE B: FERTILIZAÇÃO ORGANO-MINERAL

I.1. Definição

Falisse e Lambert (1994) definem a fertilização como um conjunto de práticas culturais coordenadas destinadas a assegurar que as plantas cultivadas sejam corretamente abastecidas de nutrientes, através da adição de materiais fertilizantes, tais como adubos e corretivos do solo.

Os adubos são substâncias, geralmente misturas de elementos minerais, destinadas a fornecer às plantas nutrientes adicionais para melhorar o seu crescimento e aumentar o rendimento das culturas e a qualidade dos produtos. Os corretivos do solo são substâncias utilizadas para melhorar as caraterísticas físicas, químicas e biológicas do solo. Classificam-se igualmente em dois tipos: os corretivos minerais, como o calcário e o magnésio, e os corretivos orgânicos, que incluem materiais como o estrume, o composto, os restos de culturas, o chorume e os "adubos verdes" (Ndiaye e Hereau, 2012).

I.2. Tipologia da fertilização

I.2.1. Fertilização orgânica

A fertilização orgânica baseia-se na adição de elementos como o composto, os resíduos de culturas, os resíduos vegetais, os excrementos de animais e os adubos orgânicos (Ouédraogo et al., 2001; Diagne, 2004; Faye, 2022; Siboukeur, 2013). Os recursos orgânicos melhoram a capacidade de retenção de água, reduzem a erosão, aumentam a infiltração e melhoram a taxa de cobertura do solo através do seu impacto na capacidade de troca catiónica (CEC), na penetração das raízes e nos organismos do solo. A contribuição dos recursos orgânicos permite que os nutrientes fornecidos sob a forma de fertilizantes sejam utilizados de forma eficiente (Abga, 2013).

I.2.2. Fertilização mineral

O objetivo da fertilização mineral é fornecer à planta todos os elementos minerais de que necessita em quantidades suficientes, quando necessita. Isto é conseguido através da aplicação de fertilizantes minerais, que podem ser divididos em 2 grupos (Soltner, 2011): fertilizantes minerais solúveis e fertilizantes minerais insolúveis ou pouco solúveis. Os adubos minerais solúveis são constituídos por :

• Adubos elementares, que contêm apenas um nutriente principal. Esta categoria inclui os adubos azotados (nítricos, amoniacais e ureicos), os adubos fosfatados produzidos por ataque ácido (superfosfatos, fosfato de amónio) e os adubos potássicos.

• adubos compostos, que podem ser binários (NP, NK, PK) ou ternários (NPK).

I.2.3. Fertilização organo-mineral

A combinação de fertilizantes orgânicos e minerais cria as condições ambientais ideais para as culturas. Os fertilizantes orgânicos melhoram as propriedades do solo, enquanto os fertilizantes minerais fornecem às plantas os nutrientes necessários. Os fertilizantes orgânicos não são suficientes para garantir a produção agrícola de que necessitamos. Por conseguinte, deve ser complementado por fertilizantes minerais (Fertial, 2017).

A fertilização orgânica combinada com fertilizantes minerais resolve os problemas de diminuição do teor de matéria orgânica e nutrição do solo, mantendo ao mesmo tempo rendimentos elevados e estáveis das culturas (Dembélé, 1994; Zeinabou et al., 2014; Akanza et al., 2016; Somda et al., 2017 citado por Ndiaye et al., 2019). Os métodos de fertilização organo-mineral e orgânica parecem ser melhores na preservação do potencial de produção e causam menos degradação do solo (N'Tarla, 1989; Dembélé, 1994 citado por Ndiaye et al., 2019). De acordo com Abga (2013), a combinação de insumos orgânicos e minerais evita a imobilização do azoto.De acordo com Tounkara et al (2022), os benefícios da combinação de fertilizantes minerais e matéria orgânica são cruciais num contexto em que os agricultores da bacia do amendoim utilizam há muito tempo práticas de fertilização orgânica que variam muito de parcela para parcela. Estes mesmos autores citam em seguida vários investigadores que demonstraram o impacto positivo da fertilização organo-mineral no rendimento de certas espécies. Pieri (1989) afirma que a fertilização orgânica combinada com a fertilização mineral aumenta os rendimentos e estabiliza-os de um ano para o outro. De acordo com Berger (1996), um suplemento mineral sob a forma de adubo é geralmente necessário para satisfazer as necessidades imediatas da cultura. O efeito positivo da aplicação conjunta de fertilizantes minerais e orgânicos foi observado para o milho (Nyami et al., 2014), painço (Badiane et al., 2001; Coly et al., 2021) e sorgo (Somda et al., 2017). Além disso, Tittonell e Giller (2013) referem que a ausência de restituição orgânica suficiente numa cultura contínua a longo prazo pode degradar os solos ao ponto de os tornar "não sensíveis" aos fertilizantes minerais, daí a combinação dos dois estrumes (orgânico e mineral) para proteger os solos e melhorar a sua produtividade.

CAPÍTULO II

MATERIAIS E MÉTODOS

II.1. Apresentação da zona de estudo

O local da estação de Nioro situa-se entre 13°45' de latitude norte e 15°46' de longitude oeste. A área de estudo situa-se na parte sul da zona agro-ecológica da bacia do amendoim e pertence à região de Kaolack e ao departamento de Nioro du Rip. Está estrategicamente localizada na entrada noroeste da comuna de Nioro du Rip (**Figura 4**). Do ponto de vista agronómico, este local oferece uma boa representação das zonas meridionais da bacia do amendoim, próximo da isoieta de 700 mm, segundo Nsome (1999). O clima desta zona é do tipo Sudano-Saheliano, quente e seco (BWh). Caracteriza-se pela alternância de duas estações principais:

- uma estação quente e húmida, de junho a outubro, que corresponde à estação das chuvas;
- uma longa estação seca, com uma duração de cerca de 7 a 8 meses, interrompida por um período fresco de 2 a 3 meses (de novembro a janeiro).

A estação situa-se no coração do vale de Baobolong, um afluente do rio Gâmbia, localizado na margem direita (Beye et al., 2012). Os solos da estação, geralmente situados numa encosta, estão expostos à erosão hídrica devido ao escoamento das águas pluviais. Caracterizam-se por uma cor avermelhada e um baixo teor de húmus (Nsome, 1999).

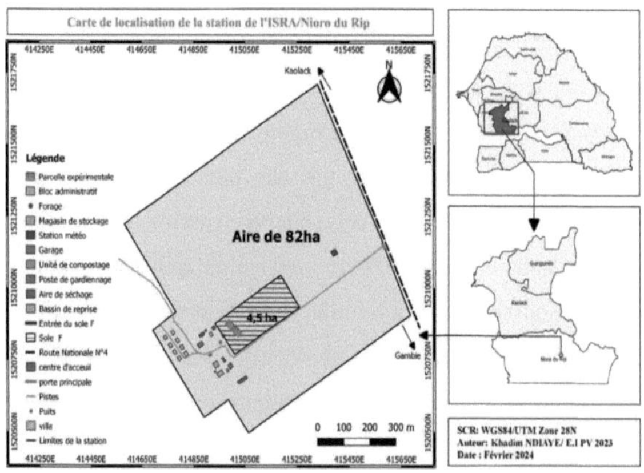

Figura 4: Mapa com a localização geográfica da zona de estudo

As medições meteorológicas efectuadas na estação de Nioro incluíram a precipitação, a temperatura e a humidade relativa (mínima e máxima). Estes dados foram recolhidos diariamente, desde a sementeira até à colheita. A estação das chuvas durou cerca de cinco meses (de junho a outubro). A primeira precipitação foi registada em 14 de junho de 2023 (1,9 mm). A precipitação acumulada para a estação chuvosa de 2023 foi estimada em 858,5 mm distribuídos por 46 dias, sendo julho, agosto e setembro os meses mais húmidos. A precipitação mais elevada foi registada no dia anterior à sementeira, a 24 de agosto, com uma intensidade de 133,3 mm. A segunda dékada de outubro marcou o fim da estação chuvosa de 2023, segundo a Agência Nacional de Aviação Civil e Meteorologia (ANACIM) (2023) (**Figura 5**). Ao longo do ensaio, as temperaturas máximas variaram de 29,9 a 41,3°C, e as temperaturas mínimas de 12,2 a 26,4°C, com média de 29,4°C. A humidade relativa apresentou uma flutuação significativa, variando entre 11% e 79% para as mínimas e entre 58% e 97% para as máximas (**Figura 6**).

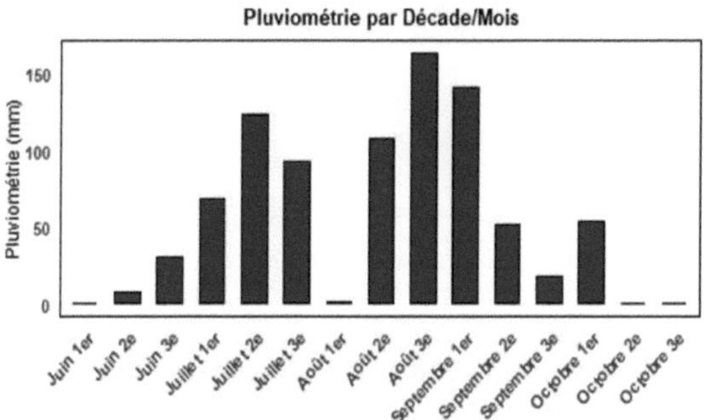

Figura 5: Precipitação acumulada em dez dias na estação de Nioro du Rip (ANACIM, 2023)

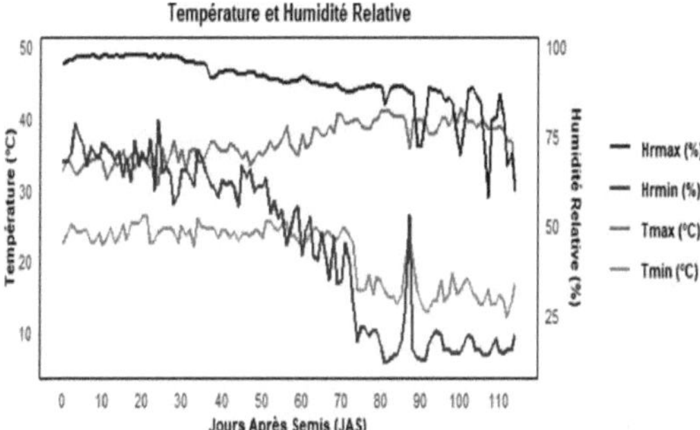

Figura 6: Temperatura média de dez dias e humidade relativa na estação de Nioro du Rip (ANACIM, 2023) após a data de sementeira.

Antes do início do ensaio, foram recolhidas três amostras compostas nas profundidades de 0-20 cm e 20-40 cm. Cada amostra foi depois analisada para determinar a granulometria, o pH (água e KCl), o azoto total, o carbono total, a relação C/N, o fósforo assimilável, as bases, etc. (Ca^{2+} , Mg^{2+} , Na^{+} , K^{+}), a capacidade de troca catiónica e a matéria orgânica no laboratório solo-água-planta do CNRA em Bambey. Em geral, o solo do local de ensaio tem uma textura arenosa e é ligeiramente ácido. O teor de matéria orgânica é relativamente baixo nos dois horizontes. Os teores de azoto total, carbono total e bases trocáveis variam de baixos a moderados, enquanto o fósforo assimilável é moderado no horizonte 0-20 cm e ligeiramente elevado no horizonte 20-40 cm. A capacidade de troca catiónica é baixa em ambos os horizontes (**Quadro 1**).

Tabela 1: Resultados da análise do solo antes da sementeira (CNRA, 2023)

Horizon.	Granulométrie		
	Arg.	Li.	Sa.
0-20cm	4,74	4,62	90,64
20-40cm	11,45	4,01	84,54

Horizon	Paramètres chimiques											
	pH	CE	NT	PAss	K^{+}	Ca^{2+}	Mg^{2+}	Na^{+}	CEC	MO	C/T	C/N
0-20cm	6,58	30,53	0,030	9,592	0,075	0,723	0,028	0,084	1,915	0,48	0,279	9,24
20-40cm	5,94	22,42	0,023	12,047	0,074	1,789	0,698	0,078	2,926	0,31	0,182	7,95

CE=Condutividade eléctrica em µS/cm; **NT=Nitrogénio** total em %; **pH=Potencial** de hidrogénio (razão 1/2.5); **APss=Fósforo** assimilável em ppm; **CEC=Capacidade** de troca catiónica em meq/100g; **C/T=Carbono** total em %; **MO=Matéria** orgânica em %; **ppm=partes** por milhão; **µS=micro** Siemens; **meq/100g** = miliequivalente por 100g de solo; **K^{+}** =potássio em meq/100g; **Ca^{2+}** =cálcio em meq/100g; **Mg^{2+}** =magnésio em meq/100g; **Na^{+}** =sódio em meq/100g; **Arg.**=argila em %; **Li.**=calcário em %; **Sa.**=areia em %.

II.2. Plantas materiais

Neste estudo, foi utilizada como material vegetal a variedade hidrida **Es** Veronika, registada na União Europeia (UE) em 2016. Trata-se de uma variedade linoleica, semi-precoce. Caracteriza-se por um vigor inicial muito bom, uma altura de planta elevada e uma cabeça semi-torta. Pouco suscetível ao acamamento, **a Veronika** tem um peso médio de mil sementes (44,7 a 50,4 g), floresce a meio da tarde e colhe-se a meio da tarde. O seu teor de óleo muito elevado e os seus excelentes rendimentos fazem dela uma variedade de alto rendimento. Em termos de resistência às doenças, é classificada por Terres Inovia e Lidea como tolerante à

Phomopsis e à Verticillium, moderadamente suscetível à Sclerotinia head blight e pouco suscetível à Sclerotinia crown blight. **A Veronika** adapta-se bem a uma variedade de condições edafoclimáticas, suportando um stress moderado em ambientes quentes e secos, bem como em condições frias e húmidas. Para otimizar a emergência, recomendamos que o objetivo seja de 55-70000 plantas.ha^{-1} , dependendo do potencial da parcela. Para um potencial limitado, o objetivo é de 55-60000 plantas.ha^{-1} , para um bom potencial, 60-65000 plantas.ha^{-1} , e para um potencial elevado, 65-70000 plantas.ha^{-1} . Estas caraterísticas e recomendações de cultivo fazem da **Veronika** uma variedade que se adapta bem a diferentes situações agrícolas (Terre Inovia e Lidea, 2023).

II.3. Fertilizantes minerais e corretivos orgânicos do solo utilizados

Para a fertilização mineral, foram utilizados dois tipos de adubos minerais:

- **NPK triplo 15**, ou seja, **15N-15P-15K** ;
- **ureia granulada 46N-0P-0K**.

O composto **"Toss Gui"**, um corretivo orgânico do solo produzido pela fermentação controlada de microrganismos específicos sobre matéria orgânica selecionada pelo seu teor de húmus, foi utilizado como fertilizante orgânico. Trata-se de um produto pulverulento (tamanho de partícula < 10 mm) embalado em sacos laminados de 50 kg, fabricado e comercializado no Senegal pela empresa Sahélienne d'Entreprise de Distribution et d'Agro-business (SEDAB) (**quadro 2**). Pode ser utilizado para todos os tipos de solo e todos os tipos de cultura, a partir de 30g.m^2 (300 a 800 kg.ha^{-1}) consoante o plano de fertilização, e até 1.500 kg.ha^{-1} quando os solos são pobres em matéria orgânica (de acordo com a SEDAB/BIOTOSS).

Tabela 2: Composição do composto "Toss Gui" (de acordo com SEDAB/BIOTOSS)

Eléments	N (%)	P (%)	K (%)	Humidité (%)	MO (%)	pH	C/N	Oligo-éléments
Valeurs	3	2	2	30	> 65	7	16 à 22	Mn, Fe, Mg, Cu, B, Zn, Mo

II.4. Instalação experimental e factores estudados

O delineamento experimental utilizado foi o de blocos completos casualizados com cinco repetições (**Figura 7**). O fator estudado foi o plano de fertilização com 10 níveis (**Quadro 3**).

Para além do controlo (F0), a fertilização mineral consistiu em duas modalidades (F1 e F2), a emenda incluiu três variantes (F3, F4, F5) e a fertilização organo-mineral consistiu em quatro modalidades (F6, F7, F8, F9). Os diferentes tratamentos foram obtidos através da combinação de quatro doses de composto (0 t. ha^{-1} , 2,5 t. ha^{-1} , 3,75 t. ha^{-1} e 5 t. ha^{-1}) com três doses de fertilizante mineral (0%, 50% e 100%) (**Quadro 3**). Cada unidade experimental foi representada por uma parcela elementar em forma de quadrado. Nesta configuração, oito (8) linhas de 4 m foram dedicadas a cada parcela. Assim, cada parcela elementar tinha uma superfície de 16 m² e 208 cachos. No entanto, apenas as seis (6) parcelas centrais, com uma superfície de 12 m², foram consideradas úteis para a recolha de dados. A distância entre os blocos era de 1,5 m e de 1 m entre as parcelas de um mesmo bloco (**Figura 7**).

Quadro 3: Caraterísticas do plano de fertilização testado no girassol

	Composto	Molho de fundo	Adubo de cobertura	
Tratamentos	"Toss Gui (t. ha)-1	NPK (15-15-15) (kg. ha)-1	Ureia 46%N (kg. ha)-1	Combinações
F0	0	0	0	0
F1	0	300	100	300 kg.ha-1 + 100 kg.ha-1
F2	0	150	50	150 kg.ha-1 + 50 kg.ha-1
F3	2,5	0	0	2,5 t.ha-1
F4	3,75	0	0	3,75 t.ha-1
F5	5	0	0	5 t.ha-1
F6	2,5	300	100	F3 + F1
F7	2,5	150	50	F3 + F2
F8	3,75	150	50	F4 + F2
F9	5	150	50	F5 + F2

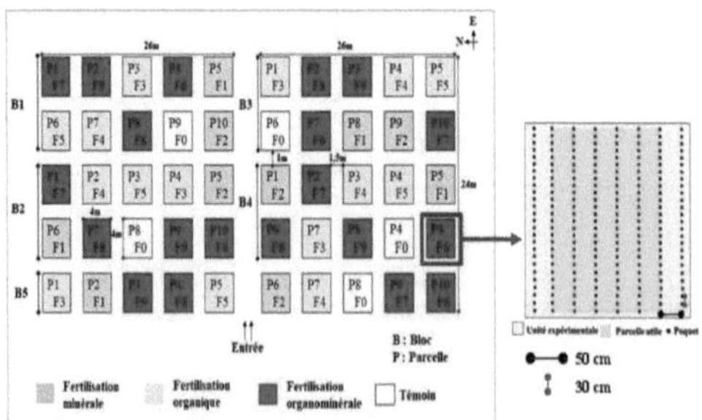

Figura 7: Diagrama da instalação experimental

II.5. Realização do ensaio

O terreno onde se realizou o ensaio estava em pousio há mais de um ano. A preparação do solo começou por uma lavoura profunda com um trator, seguida de uma gradagem para garantir uma cama de sementeira óptima e criar assim condições de solo favoráveis a uma boa germinação e emergência das plântulas. A sementeira foi efectuada a 25 de agosto na estação experimental de Nioro du Rip, durante o período seguinte ao inverno de 2023, após uma precipitação de 133,3 mm. Foram semeadas duas sementes em cada poquete, com um espaçamento de 50 cm entre linhas e 30 cm entre poquetes. Devido a uma baixa taxa de emergência, foi efectuada uma segunda sementeira (ressementeira) duas semanas mais tarde, a 9 de setembro de 2023. Dez dias após esta ressementeira, foi efectuada uma operação de sacha, seguida da remoção de uma planta por cacho e da transplantação dos cachos em falta. Quanto ao plano de fertilização, foram efectuadas duas aplicações: a primeira, incluindo a primeira dose de ureia, foi aplicada 20 dias após a ressementeira; a segunda, correspondente à segunda dose de ureia, foi aplicada 22 dias após a primeira (**quadro 4**). O composto e o triplo 15 foram espalhados, enquanto a ureia foi arada no solo a uma profundidade de 5 a 10 cm e a uma distância de alguns centímetros das plantas, seguida de uma ligeira raspagem para favorecer uma incorporação rápida. Uma segunda sacha foi efectuada após a aplicação do adubo. Para compensar as interrupções de precipitação, foi efectuada uma rega suplementar por aspersão, duas vezes por semana, entre a segunda dezena de setembro e a primeira dezena de outubro, com o objetivo de irrigar até à capacidade de campo do solo. A colheita foi efectuada manualmente aos 107e dias após a sementeira. Em cada parcela elementar, foram consideradas oito linhas como quadrados de rendimento, em vez das seis inicialmente previstas, devido às lacunas observadas na maioria das parcelas. As amostras de cabeças colhidas e de biomassa (caules + folhas) foram pesadas e, após um período de duas semanas, foram novamente pesadas na zona de secagem da estação de Nioro. A debulha foi efectuada manualmente no Centre National de Recherches Agronomiques (CNRA) de Bambey, 46 dias após a colheita (JAR).

Quadro 4: Plano de fertilização aplicado à parcela individual

Doses aplicadas por fertilização da parcela elementar

	Primeira contribuição (**29/09/2023**)	Segunda contribuição (**21/10/2023**)
F1	480 g de N-P-K (15-15-15) + 80 g de ureia (46-0-0)	80 g de ureia (46-0-0)
F2	240 g de N-P-K (15-15-15) + 40 g de ureia (46-0-0)	40 g de ureia (46-0-0)
F3	4 kg de composto "Toss Gui	-
F4	6 kg de composto "Toss Gui	-
F5	8 kg de composto "Toss Gui	-
F6	F3 + F1	80 g de ureia (46-0-0)
F7	F3 + F2	40 g de ureia (46-0-0)
F8	F4 + F2	40 g de ureia (46-0-0)
F9	F5 + F2	40 g de ureia (46-0-0)

II.6. Medições e observações

Para avaliar o efeito da fertilização organo-mineral no crescimento e no rendimento do girassol, foram efectuadas várias medições e observações das variáveis edafoclimáticas e agromorfológicas, bem como dos parâmetros de rendimento e dos seus componentes.

Parâmetros agromorfológicos

As variáveis agromorfológicas estudadas incluem :

• **Variáveis de crescimento e desenvolvimento** :

o **Densidade das** plantas: corresponde ao número de plantas por unidade de superfície após a germinação e o estabelecimento das plantas. Foi efectuada aos 15e , 30e e 60e dias após a sementeira (DAS). É expressa como o número de plantas.ha^{-1} e é calculada através da fórmula :

$$Dens = \frac{\mathrm{NbPl}}{\mathrm{sup}}$$

em que **NbPl** representa o número de plantas cultivadas por parcela e **sup**, a área da parcela elementar.

o **Altura da planta**: Esta medição foi efectuada em todas as unidades experimentais em 10 parcelas escolhidas ao acaso dentro de cada parcela elementar, a 30e e 60e JAS. A altura foi medida a partir da base do caule (colo) até à extremidade apical. Os valores médios, expressos em centímetros (cm), foram calculados para cada parcela.

• **Variáveis fenológicas**

o **Duração do ciclo sementeira-50% de floração**: É o número de dias entre a sementeira e a abertura de 50% das flores em cada parcela. Para determinar esta variável, foram registadas as datas de sementeira e de 50% de floração em cada parcela.

DSF = $Date\ de$ 50% $floraison$ - $Date\ de\ semis$

o **Duração do ciclo sementeira-50% maturação**: Representa o número de dias entre a sementeira e a maturação de 50% das plantas de cada parcela. Para determinar esta variável, as datas de sementeira e de maturação de 50% foram registadas em cada parcela.

DSM = $Date\ de$ 50% $maturité$ - $Date\ de\ semis$

Variáveis de desempenho e componentes de desempenho

Para cada unidade experimental, o rendimento e os seus componentes foram determinados aquando da colheita, com base no quadrado de rendimento selecionado na parcela útil. As medições incluíram as produções de sementes, biomassa e cabeças de flores, o peso médio de uma cabeça de flor, o número de cabeças de flores por planta, o número de sementes por cabeça de flor, o peso de sementes por cabeça de flor e o peso de mil sementes.

➢ **Determinação das variáveis de desempenho.**

Antes de calcular os parâmetros de rendimento, foram recolhidos os seguintes dados no momento da colheita e após a secagem:

o Número de caixas colhidas por parcela elementar = NbPoR ;

o Número total de cabeças de flores (em pé ou caídas) colhidas por parcela elementar = NbCapR;

o Área útil colhida (em metros quadrados) =SuR=Espaçamento x NbPoR =(0,5 x0,3) x NbPoR ;

o Peso seco de cabeças de flores por parcela elementar = PCapS. (em gramas) ;

o Peso da biomassa seca acima do solo (caules + folhas) elementar da parcela= PBms (em gramas) ;

- Peso seco das sementes por parcela elementar =PGrS. (em gramas).

Todos os valores das variáveis de rendimento obtidos após os cálculos são estimados em kg.ha^{-1} (**Quadro 5**).

Quadro 5: Variáveis de rendimento

Variables	Abréviations	Formules de calcul	Unités
Rendement en graines	RdtGr.	$\frac{PGrS}{SuR}$	
Rendement en capitules	RdtCap.	$\frac{PCap}{SuR}$	kg.ha^{-1}
Rendement en biomasse	RdtBiom	$\frac{PBms}{SuR}$	

➢ **Determinação dos componentes do rendimento (quadro 6).**

Quadro 6: Variáveis da componente de rendimento

Variables	Abréviations	Formules de calcul	Unités
Nombre de capitules par plante	NbCap/pl.	$\frac{NbCapR}{NbPoR}$	
Poids des graines par capitule	PGr/Cap.	$\frac{PGrS}{NbCapR}$	g
Poids de mille graines	PMG	$\frac{A \times 1000)}{N}$	g
Poids moyen d'un capitule	Pmoy.Cap	$\frac{PCapS}{NbCapR}$	g
Nombre de graines par capitule	NbGr/Cap	$\frac{(1000 \times PGr.Cap)}{PMG}$	

A= Poids de l'échantillon après séchage à l'étuve ; N= Nombre de graines de l'échantillon

II.7. Análise dos dados

Os dados recolhidos foram primeiramente introduzidos numa folha de cálculo EXCEL e, em seguida, submetidos a uma análise de variância (ANOVA) ao limiar de 5%, após verificação das condições de validade (independência, normalidade e homogeneidade). O teste de Tukey foi utilizado para comparar as médias ao limiar de 5% de probabilidade nos casos em que foram detectados efeitos significativos na análise ANOVA. Foi igualmente efectuada uma análise de componentes principais (ACP) sobre a matriz de dados normalizada para melhor visualizar as relações entre as caraterísticas medidas e os diferentes tipos de fertilização estudados. Por fim, foi efectuada uma classificação hierárquica ascendente (HAC) para distinguir os diferentes grupos e o seu comportamento em relação às variáveis estudadas. Todas as análises foram efectuadas com o software R versão 4.2.2.

CAPÍTULO III

RESULTADOS E DISCUSSÃO

III.1. RESULTADOS

III.1.1. Efeito da fertilização nos parâmetros de crescimento e desenvolvimento

➢ **A altura da planta**

As análises de variância forneceram valores de p de 0,178 (aos 30e dias) e 0,167 (aos 60e dias) ao nível de 5%, mostrando que não houve diferença estatisticamente significativa entre as alturas das plantas independentemente do plano de fertilização aplicado (**Quadro 7**). A altura média das plantas de girassol variou de 29,8 ± 4,4 cm (F0) a 38,3 ± 3,8 cm (F6) aos 30e dias após a sementeira (DAS), com uma média de 33,5 ± 4,5 cm. Aos 60e dias após a semeadura, a média passou de 33,5 para 83,9 ±7,9 cm. No entanto, aritmeticamente, as plantas mais altas foram obtidas com os tratamentos F6 (respetivamente 38,3±3,8 cm e 90,5±5,5 cm aos 30e e 60e), F9 (respetivamente 34,3±5,8 cm e 87,0±9,1 cm aos 30e e 60e) e F4 (35,3±4,1 cm e 84,9±7,5 cm aos 30e e 60e) e as mais baixas com os tratamentos F0 e F2 (**Figura 8**).

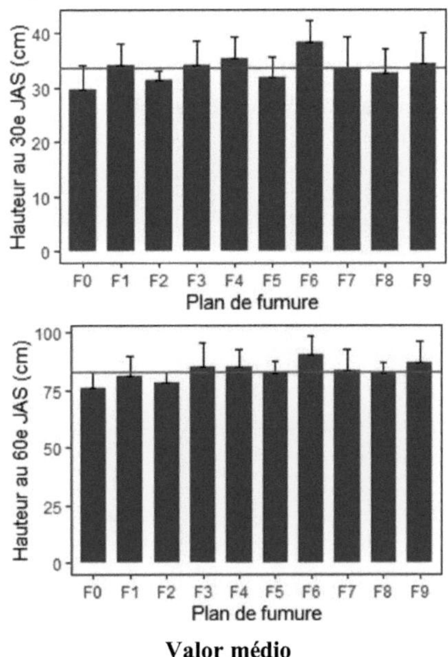

Valor médio

Figura 8: Altura média das plantas aos 30e e 60e dias após a sementeira em função do plano de fertilização aplicado.

Quadro 7: Efeito do plano de fertilização na altura das plantas

Parâmetros estatísticos Altura des plantas (cm)

	30e JAS	60e JAS
Média±Desvio-padrão	33,5±4,5	83,9±7,9
Mínimo	29,8	78,1
Máximo	38,3	90,5
CV	12,75%	9,01%
Pr > (F)	0,178ns	0,167 ns

DAS =Dias após a sementeira; CV=Coeficiente de variação; ns=não significativo ao nível de 5%; **Pr=probabilidade** ao nível de 5%; **cm=centímetro**; **Min=mínimo**; **Max=máximo**.

- **Densidade das plantas**

A análise de variância não mostrou diferenças significativas (**Tabela 8**) entre os diferentes tratamentos. A densidade média de plantas foi estimada em 17.350±5.913 plantas.ha^{-1} , 42.500±16.339 plantas.ha^{-1} e 41.150±15.485 plantas.ha^{-1} a 15e , 30e e 60e JAS, respetivamente. No geral, as densidades de plantas mais baixas foram registadas a 15e JAS nas parcelas que receberam os tratamentos F0 (15.000±3.030 plantas.ha^{-1}) e F9 (13.250±5.027 plantas.ha^{-1}), enquanto que foram obtidas com F1(50.000±18.408 plantas.ha^{-1}) e F2 (51.250±14.225 plantas.ha^{-1}) a 30e JAS (**Figura 9**).

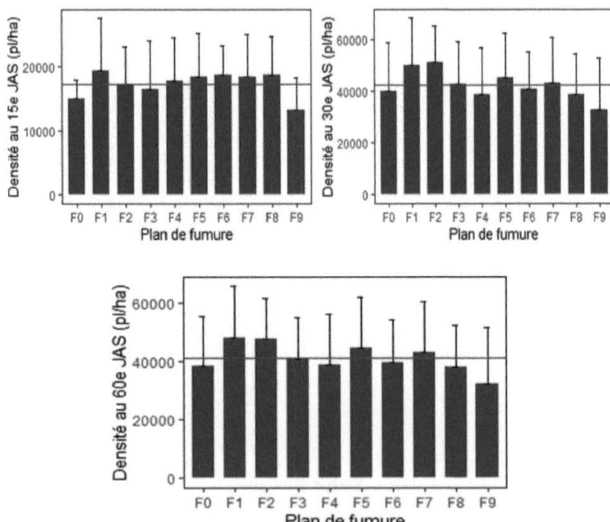

Figura 9: Densidade média de plantas aos 15e , 30e e 60e dias após a sementeira, de acordo com o plano de fertilização aplicado.

Quadro 8: Efeito do plano de fertilização na densidade das plantas

Parâmetros estatísticos Densidade das plantas (plantas.ha)$^{-1}$

	15e JAS	30e JAS	60e JAS
Média±Desvio-padrão	17 350±5 913	42 500±16 339	41 150±15 485
Mínimo	13 250	33 000	48 000
Máximo	19 375	51 250	32 375
CV	30,34%	23,73%	23,46%
Pr > (F)	0,729ns	0,21ns	0,297ns

DAS =Dias após a sementeira; CV=Coeficiente de variação; ns=não significativo ao nível de 5%; **Pr=probabilidade** ao nível de 5%; **cm=centímetro; ha=hectare; Min=mínimo; Max=máximo.**

- **A duração do ciclo sementeira-50% floração e sementeira-50% maturação**

A análise de variância mostrou que os parâmetros fenológicos não foram significativamente influenciados pelo plano de fertilização (**quadro 9**). A duração média do ciclo desde a sementeira até 50% de floração (DSF) e desde a sementeira até 50% de maturação (DSM) foi de 48±1 dias e 64±1 dias, respetivamente. No entanto, aritmeticamente, as plantas mais precoces começaram a florescer a partir dos 46e dias (F0 e F9) e atingiram a maturidade duas semanas após a floração, ou seja, 63 dias (exceto F1 e F4). As últimas durações foram obtidas com os tratamentos F1 e F4 (50 dias para a floração a 50% e 65 para a maturação a 50%) (**Figura 10**).

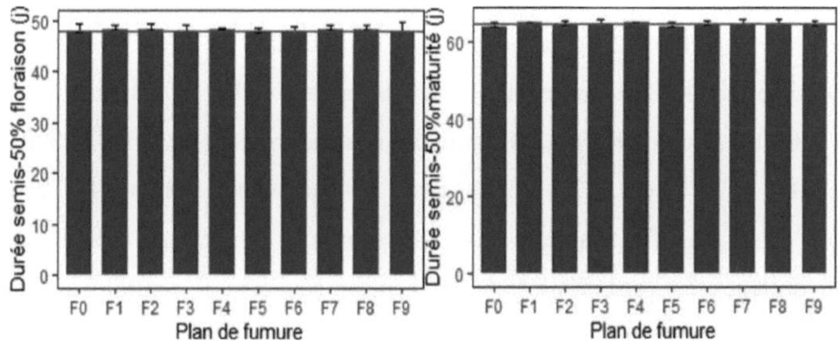

Valor médio

Figura 10: Duração da sementeira-50% de floração e da sementeira-50% de maturação em função do plano de fertilização

Quadro 9: Efeito do plano de fertilização na fenologia

Variáveis	Média± Desvio padrão	Mínimo	Máximo	CV	Pr > (F)
DFS	48±1	46	50	1,39%	0,969 ns
DSM	64±1	63	65	1,35%	0,305ns

DSF=duração do ciclo desde a sementeira até 50% de floração (em dias); DSM=duração do ciclo desde a sementeira até 50% de maturação (em dias) **CV=coeficiente** de variação; **Pr=probabilidade** ao nível de 5%; **ns=não** significativo ao nível de 5%; **Min=mínimo**; **Max=máximo**.

III.1.2. Efeito da fertilização no rendimento e nos seus componentes

➢ **Desempenho**

Os resultados da análise de variância mostraram que o plano de fertilização teve um efeito significativo no rendimento das sementes ao nível de 5% (**quadro 10**). A produção média de sementes foi estimada em 498,9±207,6 kg.ha^{-1} . Estatisticamente, as parcelas que receberam os tratamentos F6, F5, F9 e F4 foram as mais produtivas, com rendimentos de 738,5±199,7^{a} kg.ha^{-1} , 570,2±148,3^{ab} kg.ha^{-1} , 569,5±242,0^{ab} kg.ha^{-1} e 561,1±157,6^{ab} kg.ha^{-1} . Por outro lado, os tratamentos de controlo F0 (273,5±121,2^{b} kg.ha^{-1}) e F2 (348,8±102,7^{ab} kg.ha^{-1}) registaram os rendimentos mais baixos (**Figura 11**). No entanto, as produções de biomassa e de cabeças de flores não mostraram diferenças significativas na ANOVA. A produção média de biomassa nos diferentes tratamentos foi estimada em 718,2±385,7 kg.ha^{-1} . Esta variou de 453,7 kg.ha^{-1} (F0) a 1.140,2 kg.ha^{-1} (F6). Com uma média de 1.065,1±412,9 kg.ha^{-1} , a produção de cabeças de flores excedeu 1 tonelada.ha^{-1} em todos os tratamentos, exceto F0, F1, F2 e F3. Os tratamentos F6, F5, e F9 atingiram valores recorde de 1.504,8±390,39 kg.ha^{-1} , 1.187,7±331,7 kg.ha^{-1} , e 1.172,9±461,3 kg.ha^{-1} respetivamente (**Figura 11**). Em geral, os rendimentos foram significativamente mais elevados nas parcelas em que foi utilizada a fertilização orgânica ou organo-mineral, em comparação com o controlo e a fertilização mineral.

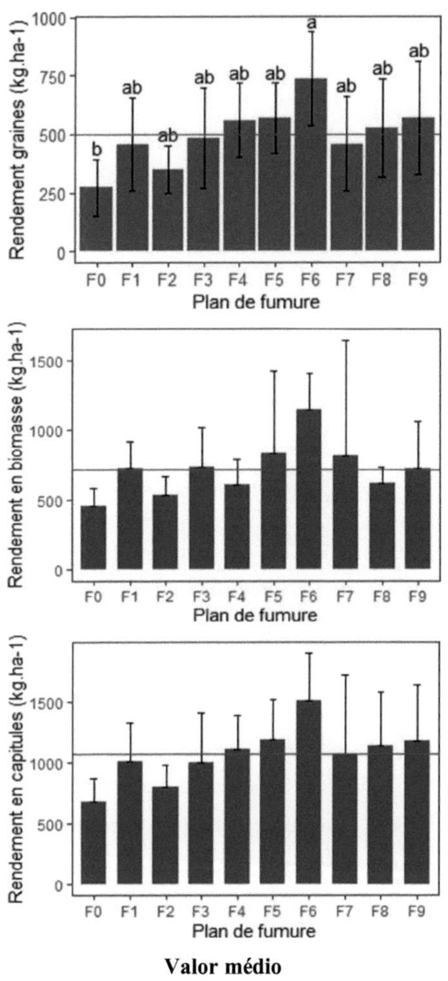

Valor médio

Figura 11: Produções médias de sementes, biomassa e flores de acordo com o plano de fertilização

Quadro 10: Efeito do plano de fertilização no rendimento

Statistical parameter	Yield (kg.ha-1)		
	Seeds	Biomass	Flower heads
Mean±Standard deviation	498,9±207,6	718,2±385,7	1065,1±412,9
Min	273,5	453,7	673,5
Max	738,5	1140,2	1504,8
CV	37,90%	51,04%	37,50%
Pr > (F)	0,0361*	0.244[ns]	0.155[ns]

Pr=probabilidade ao nível de 5%; CV=coeficiente de variação; ns=não significativo ao nível de 5%; *=significância ao nível de 5%; Min=mínimo; **Max=máximo.**

➢ Componentes de desempenho

A análise de variância a 5% revelou um efeito não significativo do plano de fertilização sobre o peso de uma cabeça de flor (Pmoy.Cap), o peso das sementes por cabeça de flor (PGr/Cap) e o número de sementes por cabeça de flor (NbGr/Cap) entre os tratamentos (**quadro 11**). Para o peso médio de uma cabeça de flor, os tratamentos F9 (18,39±6,26 g) e F6 (17,94±4,56 g) registaram os pesos mais elevados. Em contrapartida, F2 (10,87±2,10 g) e F3 (12,61±3,06 g) registaram os valores mais baixos. O valor médio para todos os tratamentos foi estimado em 15,1±5,1 g. Em termos de peso de sementes por cabeça de flor, F9 (8,91±3,25 g) e F6 (8,75±2,05 g) registaram os valores mais elevados. Por outro lado, F2 (4,75±1,30 g) e F1 (6,05±1,72 g) apresentaram os pesos mais baixos. O valor médio para todos os tratamentos foi de 7,2±2,4 g. Em termos de número de sementes por cabeça de flor, os tratamentos F0 (178±31 sementes) e F9 (175±40 sementes) apresentaram os pesos mais elevados. O número de sementes por cabeça de flor foi o mais elevado, com valores acima da média (157±34 sementes). O tratamento F3 registou o menor número de sementes por cabeça de flor com uma média de 140±27 sementes (**Figura 12**). Por outro lado, o peso de mil sementes (PMS) foi significativamente afetado (**Quadro 11**) pelo plano de fertilização. Estatisticamente, o peso de mil sementes variou de 38,4±4,4^{a} g a 51,1±4,6^{b} g para os diferentes tratamentos, com uma média de 44,3±6,9 g. Aritmeticamente, os tratamentos F6, F9, F8 e F4 foram os únicos a registar valores acima da média. A testemunha F0 obteve o menor peso de mil sementes, seguida dos tratamentos F1, F2, F5 e F7 (**Figura 12**).

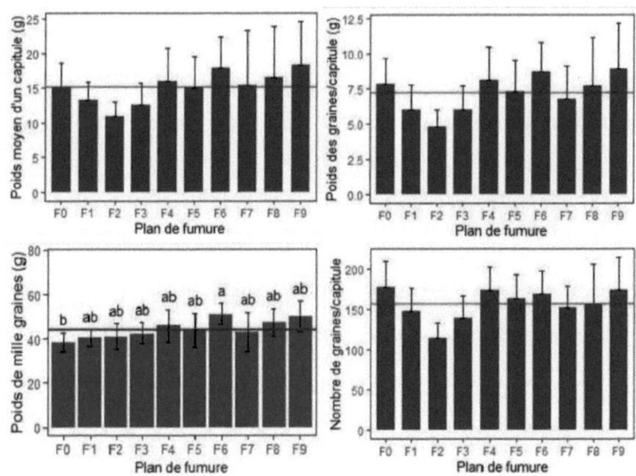

Figura 12: Componentes do rendimento em função do plano de fertilização

Quadro 11: Efeito do plano de fertilização nos componentes do rendimento

Parâmetro estatístico	Componentes de desempenho			
	PMG (g)	Pmoy.Cap (g)	PGr/Cap (g)	NbGr/Cap
Média±Desvio-padrão	44,3±6,9	15,1±5,1	7,2±2,4	157±34
Mínimo	38,4	10,87	6,04	140
Máximo	51,1	18,39	8,91	178
CV	12,89%	32,76%	31,08%	19,74%
Pr > (F)	0,0196*	0,373ns	0,118ns	0,0715ns

PMG=Peso de mil sementes; **Pmoy.Cap=Peso** da cabeça; PGr/Cap=Peso da semente da cabeça; NbGr/Cap=Número de sementes por cabeça; CV=Coeficiente de variação; ns=não significativo ao nível de 5%; *=significativo ao nível de 5%; Pr=probabilidade ao nível de 5%; g=grama; Min=mínimo; **Max=máximo.**

III.1.3. Relação entre variáveis

O teste de correlação foi efectuado nas catorze (14) variáveis quantitativas, que incluem altura média das plantas aos 30e e 60e dias após a sementeira (Ha30 e Ha60), densidade média das plantas aos 15e , 30e e 60e dias após a sementeira (Dens15, Dens30, Dens60), duração do ciclo sementeira-50% floração (DSF), duração do ciclo sementeira-50% maturação (DSM), rendimento de sementes (RdtGr), rendimento de biomassa (RdtBiom) e rendimento de cabeça de flor (RdtCap), peso de mil sementes (PMG), peso médio de cabeça de flor (PmoyCap), peso de sementes por cabeça de flor (PGr/Cap) e número de sementes por cabeça de flor (NbGr/Cap). A análise de componentes principais e a classificação hierárquica ascendente foram utilizadas para verificar o comportamento das variáveis em função das diferentes doses de fertilizante.

➢ Correlação entre variáveis quantitativas

A produção de cabeças de flores foi fortemente correlacionada (r=0,95) com a produção de sementes. A produção de sementes foi significativa e positivamente correlacionada com a produção de biomassa, o peso de mil sementes, o peso médio das cabeças de sementes, o peso das sementes por cabeça de semente, o número de sementes por cabeça de semente e a altura média das plantas. A densidade da planta, por outro lado, foi negativamente correlacionada com o parâmetro de rendimento e seus componentes, e com a altura média da planta. No entanto, a densidade a 30e e a 60e JAS foram as duas variáveis mais correlacionadas (r=0,99). Os parâmetros fenológicos foram fraca ou negativamente correlacionados com todas as outras variáveis (**Figura 13**).

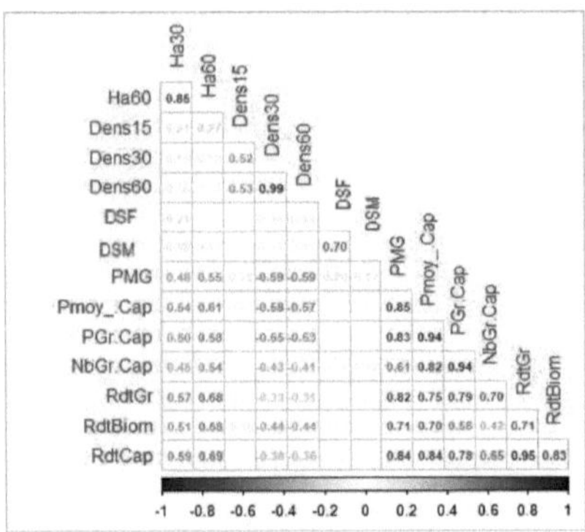

Figura 13: Matriz de correlação de Pearson

➢ Análise de componentes principais (PCA)

A análise das componentes principais (ACP) foi efectuada sobre os catorze (14) parâmetros iniciais. Depois de examinar o valor próprio e a proporção da variância, os dois primeiros componentes (Diml e Dim2) foram retidos, explicando 78,1% da variabilidade observada (**Tabela 12**). O primeiro componente (Diml) explica 51,5% da variabilidade. É definido por variáveis como peso de mil sementes (PMS), peso médio de cabeça de flor (Pmoy.Cap), altura de planta aos 60e JAS (Ha60), rendimento de sementes (RdtGr), peso de sementes por cabeça de flor (PGr/Cap) e rendimento de cabeça de flor (RdtCap), cada uma das quais contribui com mais de 10%. O segundo componente (Dim2) explica 26,6% da variabilidade. As variáveis que contribuem para a definição desta dimensão são: densidade das plantas a 15^{e} JAS (Dens15), duração do ciclo sementeira-50% floração (DSF), densidade das plantas a 60^{e} JAS (Dens60), duração do ciclo sementeira-50% maturação (DSM), altura das plantas a 30^{e} JAS (Ha30) e rendimento em biomassa (RdtBiom). As variáveis fenológicas e a produção de biomassa, embora visíveis na segunda componente, são melhor representadas pela terceira dimensão (Dim3). A contribuição de todas as variáveis para as duas primeiras componentes (Dim1 e Dim2) situa-se entre 3 e 9% (**Figura 14**).

Quadro 12: Contribuição das variáveis para os componentes principais

Principais componentes	Dim1	Dim2	Dim3	Dim2+Dim1
Valor próprio	7, 21	3, 73	1, 59	10,94
Desvio	51, 5	26, 6	11,3	78,1
Desvio acumulado	51, 5	78,1	89,4	78,1
Contribuições (%)				
Ha30	7, 63	8,66	0,50	7,98
Ha60	10,69	3,69	0,00	8,31
Dens15	0,11	17,24	1,27	5,95
Dens30	7,74	8,36	6,52	7,95
Dens60	6,63	9,73	7,25	7,68
DFS	0,27	10,79	31,25	3,86
DSM	0,00	9,71	33,49	3,31
PMG	11,74	0,58	0,34	7,94
Pmoy_.Cap	11,28	2,25	0,39	8,20
PGr /Cap	10,46	4,68	0,01	8,49
NbGr/Cap	6,58	7,14	0,00	6,77
RdtGr	10,54	4,63	1,66	8,53
RdtBiom	6,06	7,19	14,58	6,44
RdtCap	10,25	5,31	2,63	8,57

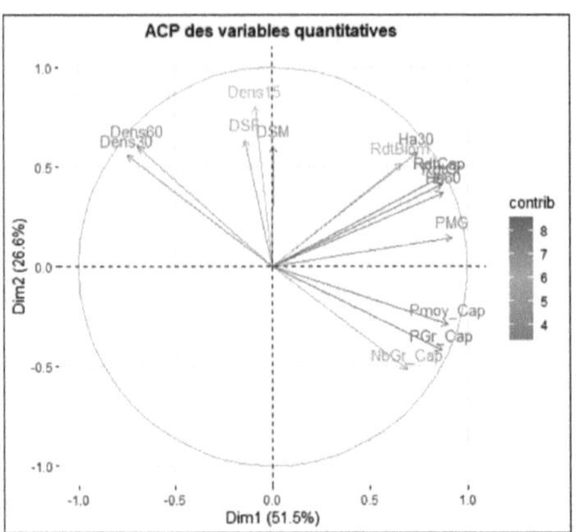

Figura 14: Distribuição das variáveis nos eixos

As variáveis e os tratamentos que estão mais próximos uns dos outros no biplot estão positiva e fortemente correlacionados. Assim, o biplot mostra claramente que :

- O tratamento F6 está muito próximo da altura da planta (Ha30 e Ha60), do rendimento (RdtGr, RdtBiom e RdtCap) e do peso de mil sementes (PMG), pelo que está associado a estas variáveis;
- Os tratamentos F9, F4 e F8 estão associados a componentes de rendimento (Pmoy.Cap, PGr/Cap e NbGr/Cap);
- densidade a 30ᵉ e 60ᵉ JAS é a única variável mais próxima do tratamento F2;
- Os tratamentos F1, F3, F7 e F5 são os que mais se aproximam da densidade de plantas aos 15ᵉ JAS e das variáveis fenológicas (**Figura 15**).

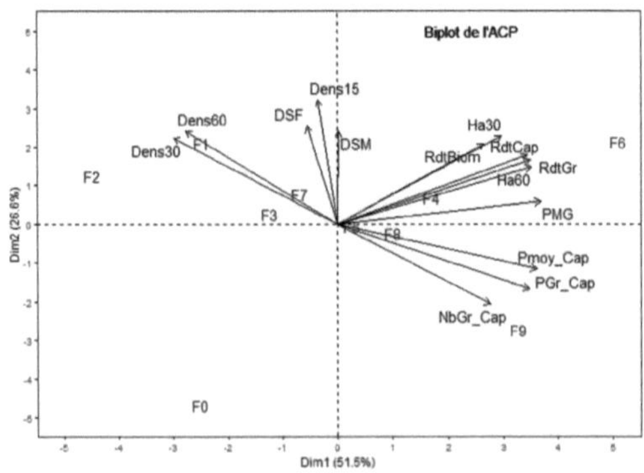

Figura 15: Distribuição do plano de fertilização em torno dos eixos principais definidos pelas variáveis estudadas

➢ **Classificação hierárquica ascendente**

A classificação hierárquica ascendente foi utilizada para discriminar os diferentes grupos de tratamentos. Foram identificados cinco (5) grupos (**Figura 16**):

• **Grupo 1**: Tratamento **F2**, neste grupo todos os valores médios das variáveis estão abaixo da média geral, exceto a densidade de plantas em 30e e 60e JAS;

• **grupo 2**: este grupo contém apenas o tratamento de controlo F0, em que todas as variáveis têm valores médios inferiores à sua média global;

• **grupo 3**: com o maior número de tratamentos (F1, F3, F4, F5, F7 e F8), este grupo é misto. De facto, caracteriza-se por uma altura média das plantas a 15e JAS, uma densidade média das plantas a 60e JAS e um peso de sementes por capítulo inferior à média geral. Por outro lado, os valores médios da densidade de plantas a 15e e 30e JAS, bem como o peso de mil sementes e o rendimento, são todos superiores à média geral. Para o resto das variáveis, os valores são mais ou menos iguais à média geral para todos os tratamentos;

• **grupo 4**: constituído pelo tratamento F9, este grupo caracteriza-se por valores médios de densidade das plantas inferiores à média global, enquanto os valores dos parâmetros altura e rendimento e seus componentes são superiores à média de todos os tratamentos; e

• **grupo 5**: constituído unicamente pelo tratamento F6, é o grupo em que todos os valores médios das variáveis são superiores à média global de todos os tratamentos.

Em resumo, a classificação hierárquica ascendente mostrou que a fertilização mineral (F1 e F2) teve uma maior influência nas variáveis de crescimento do que no rendimento. Por outro lado, a fertilização organo-mineral (F6, F7, F8 e F9) teve um impacto positivo em ambos, mas com um efeito mais significativo no rendimento. A F6 dominou todos os outros tratamentos. Teve o melhor desempenho tanto em termos de crescimento como de rendimento. A fertilização orgânica (F3 e F4) parece ter um efeito misto. Por vezes contribui para o crescimento, por vezes para o rendimento.

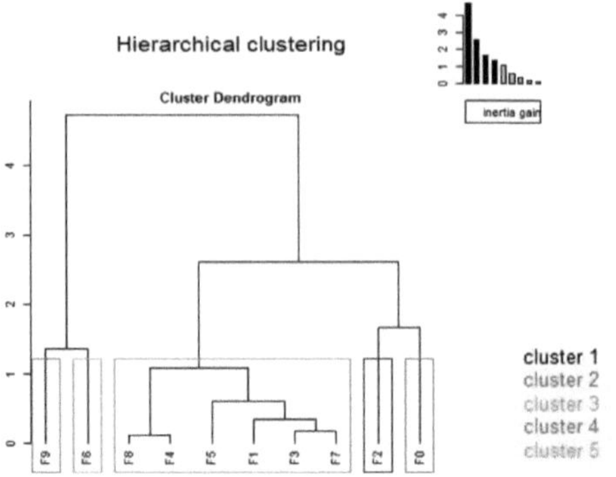

Figura 16: Classificação hierárquica ascendente dos diferentes grupos de tratamento

III.2. DISCUSSÃO

III.2.1. Efeito da fertilização nos parâmetros de crescimento e desenvolvimento

➢ **Altura da planta**

O resultado da ANOVA discorda dos obtidos por Ahmad et al. (2018) e Yerima et al. (2014), que demonstraram que as variedades de girassol Híbrido e Gigante Africano apresentaram diferenças significativas na altura das plantas em função das taxas de fertilização aplicadas. No entanto, os valores médios obtidos são muito semelhantes aos registados por Yerima et al. (2014). Esta semelhança pode ser explicada pelo facto de a altura das plantas depender geralmente da genética, das condições ambientais e das práticas culturais. Segundo Jarecki (2022), as plantas que receberam maior adubação nitrogenada atingem maior altura, enquanto as adubadas com doses menores apresentam crescimento significativamente reduzido.

➢ **Densidade das plantas**

Os resultados da ANOVA estão de acordo com os de Jarecki (2022), que demonstrou que a densidade das plantas antes da colheita não é afetada pela fertilização. Os níveis de densidade variaram entre parcelas e datas, o que pode ser atribuído aos problemas de emergência e germinação observados após a primeira sementeira. De facto, a taxa de emergência passou de 26% na primeira sementeira para 64% na nova sementeira. Estas dificuldades, que têm um impacto negativo na densidade, estão provavelmente relacionadas quer com as fortes chuvas registadas antes e depois da sementeira, quer com uma preparação inadequada da cama de sementes. Estas observações estão de acordo com as de SODEFITEX (2005), que constatou que as fortes chuvas após a sementeira na região agro-ecológica do leste do Senegal podiam afetar negativamente a emergência. Do mesmo modo, Joseph et al (2007) referiram que as más condições de precipitação dificultavam a germinação e a emergência do girassol na zona de cultivo de algodão do norte dos Camarões. O cultivo de girassóis em alta densidade pode limitar a humidade e os nutrientes disponíveis durante o enchimento das sementes, enquanto a baixa densidade pode levar à subutilização de recursos e a um maior risco de ervas daninhas. É importante ajustar a densidade das plantas de acordo com as condições específicas do solo e do clima. O Centro Científico e de Produção de Cereais A.I. Baraev recomenda ter 25.000 a 40.000 plantas por hectare em períodos de baixa humidade e aumentar a taxa de sementeira em 25% para compensar problemas de germinação, pragas e doenças do solo (Kaskarbaev et al., 2023).

- **A duração do ciclo sementeira-50% floração e sementeira-50% maturação**

A análise de variância não revelou uma diferença significativa ao nível de 5%, o que contrasta com os resultados de Ahmad et al. (2017), que observaram um impacto significativo da fertilização na data de maturação. Os valores médios dos ciclos de sementeira-50% de floração e de sementeira-50% de maturação correspondem aos relatados por SODEFITEX (2005), que constatou, durante duas campanhas experimentais no leste do Senegal, que a data de 50% de floração do girassol se situa entre 40 e 55 dias. No entanto, as datas de floração e de maturação mais precoces foram registadas nas parcelas que receberam fertilização orgânica e organo-mineral (F5, F6, F7, F8 e F9). Este ligeiro avanço da floração e da maturação, em relação às parcelas que receberam apenas adubação mineral, pode ser explicado pelo aporte combinado de nutrientes (N, P, K, oligoelementos) e de matéria orgânica, através de adubos (NPK triplo 15 e ureia) e de composto. A decomposição e a mineralização da matéria orgânica libertam nutrientes essenciais num solo pobre em matéria orgânica, azoto, fósforo, potássio e bases permutáveis (**quadro 1**). A matéria orgânica, fornecida pelo composto ("Toss Gui"), e os fertilizantes melhoram as propriedades físicas, químicas e biológicas do solo. Estes resultados confirmam as conclusões de Yerima et al (2014), que demonstraram que a variedade de girassol branco italiano floresce mais rapidamente quando a quantidade de excrementos de galinha (matéria orgânica de origem animal) é aumentada até 4,2 toneladas por hectare.

III.2.2. Efeito da fertilização no rendimento e nos seus componentes

➢ **Desempenho**

Os resultados da ANOVA são consistentes com os relatados por Ali et al. (2012), Nasim et al. (2012) e Sincik et al. (2013), que também demonstraram que o rendimento de sementes de girassol (variedade híbrida) é significativamente afetado pelo fornecimento de nutrientes. Por outro lado, Ali et al. (2012) mostraram que o aumento das taxas de azoto pode ter um efeito positivo no número de cabeças de flores e no número de sementes por cabeça de flor.

Embora o estudo tenha sido realizado numa estação experimental, os rendimentos obtidos continuam abaixo da média mundial (18,5 $q.ha^{-1}$ segundo FAOSTAT, 2023). Vários factores podem explicar esta queda, incluindo limitações no estabelecimento da cultura, preparação do solo, sementeira tardia, monitorização inadequada da saúde das plantas e colheita tardia. Num estudo de Kulygin et al (2017), observou-se que a resposta do girassol à aplicação de fertilizantes variou de acordo com o tipo de lavoura, levando a um aumento de rendimento de 10,6-18,7% em comparação com as parcelas de controlo. O rendimento do girassol em condições de sequeiro é principalmente afetado pela precipitação irregular e insuficiente, apesar da sua melhor adaptação ao stress hídrico em comparação com outras culturas (Gordeyeva et al., 2024; Ahmad et al., 2022; Fatahi et al., 2022 e Hlisnikovský et al., 2016). Para além dos principais nutrientes (N, P, K) fornecidos pela fertilização mineral, a fertilização orgânica e organo-mineral enriqueceu o solo com oligoelementos como o boro, o molibdénio, o zinco e o ferro, bem como com matéria orgânica através do composto "Toss Gui". A relação C/N deste composto (16 a 22) favorece a rápida mineralização do azoto, tornando este nutriente disponível para a planta durante todo o seu crescimento. Esta maior disponibilidade poderia explicar as diferenças de rendimento observadas entre as parcelas que receberam fertilização organo-mineral ou orgânica e as que receberam apenas fertilização mineral ou nenhuma fertilização (controlos). Esta observação é apoiada por vários estudos. Sefaoglu et al. (2021) obtiveram os maiores rendimentos de sementes combinando azoto e vermicomposto. Ahmad et al (2018) confirmaram que a fertilização com azoto teve um efeito positivo no crescimento e desenvolvimento do girassol. Hajduk et al. (2017) observaram que o aumento da fertilização mineral com azoto reduziu o teor de boro da biomassa de girassol. Como resultado, Alves et al. (2017) concluíram que taxas mais elevadas de azoto devem ser combinadas com a fertilização com boro para obter rendimentos de girassol significativamente mais elevados. Estudos demonstraram que as fontes e doses de azoto influenciam significativamente o rendimento e as caraterísticas agronómicas do girassol, em particular a utilização de nitrato de amónio, que melhora a altura da planta, o diâmetro da cabeça da flor, o peso de mil sementes e o rendimento global (Boldisov e Bushnev, 2016 e Osama et al., 2010).

➢ **Componentes de desempenho**

Os resultados da ANOVA estão de acordo com Ahmad et al. (2018), que demonstraram que o aumento dos níveis de NPK aumentou significativamente o rendimento de grãos e o peso de mil sementes. Em contrapartida, Hlisnikovský et al. (2016) verificaram que o peso de mil sementes, o peso total das sementes, o número de sementes por cabeça de flor e o rendimento por hectare não foram significativamente afectados pelo tratamento com fertilizantes.

As parcelas que receberam fertilização orgânica e organo-mineral tiveram o melhor desempenho em termos de componentes de rendimento, superando as parcelas fertilizadas apenas com fertilizantes minerais ou não fertilizadas. Esta diferença pode ser atribuída aos oligoelementos presentes no composto. Esses resultados são corroborados por Steiner e Zoz (2015), Pattanayak et al. (2017) e Andrade et al. (2021), que relataram que a combinação de NPK e oligoelementos (como zinco, boro e molibdénio) promove o crescimento das plantas e melhora o rendimento do girassol. Al-Amery et al (2011) também demonstraram que a fertilização com boro reduziu o número de sementes vazias, aumentando assim significativamente o rendimento e os seus componentes. Kandil et al. (2017) mostraram que uma dose elevada de azoto aumentou a altura da planta, a espessura do caule, o número de folhas por planta, a área foliar, o número de sementes, etc. por cabeça de flor, o diâmetro da cabeça de flor e o peso de mil sementes. No entanto, temperaturas médias superiores a 30°C e uma irrigação suplementar potencialmente inadequada durante a floração podem ter um impacto no rendimento e nos seus componentes. Rondanini et al (2006) relatam que uma temperatura média acima de 30°C por quatro dias ou mais pode levar à perda de rendimento, reduzindo o peso dos grãos e aumentando a proporção de grãos muito pequenos. De acordo com Alberio et al (2015) e Ştefan et al (2022), o estresse hídrico relacionado à seca afeta as caraterísticas morfológicas da planta, como a redução da área foliar, e também afeta as caraterísticas de rendimento, incluindo o número de sementes por cabeça de flor e o peso de mil sementes. O período de maior sensibilidade à seca para o número de sementes por metro quadrado e o peso médio das sementes é de cerca de 40 dias em torno da floração. Nouri et al (2011) indicam que uma redução de 50% na humidade durante a floração resulta numa diminuição de mais de 30% no número de sementes e de 20% no peso médio das sementes.

III.2.3. Relação entre variáveis

➢ **Correlação entre variáveis quantitativas**

Os resultados da análise de correlação mostraram que a maioria das caraterísticas relacionadas com o rendimento têm uma influência significativa no rendimento das sementes de girassol. Com exceção da duração do ciclo de maturação sementeira-50%, da duração do ciclo de floração sementeira-50% e da densidade das plantas, todas as outras variáveis estudadas estavam positivamente correlacionadas com o rendimento das sementes. Estes resultados estão de acordo com os de Ahmad et al (1991), Kaya et al (2007) e Machikowa & Saetang (2008). Devido à competição por nutrientes, o aumento da densidade de plantas de girassol resultou numa diminuição do peso dos grãos, do peso de mil sementes, do número de grãos por capítulo e do peso por capítulo. Estas observações são consistentes com as de Li et al. (2019).

➢ **Análise de componentes principais e classificação hierárquica ascendente**

Os resultados da análise de componentes principais e da classificação hierárquica ascendente sugerem que a eficiência dos elementos minerais no metabolismo das plantas e o seu papel na atividade meristemática são responsáveis pelo aumento da altura das plantas. Estes elementos promovem a divisão celular, o alongamento e a formação de órgãos vegetativos, levando a um crescimento mais vigoroso. Este crescimento melhorado leva a uma maior acumulação de produtos da fotossíntese, resultando num maior peso das sementes. Além disso, vários estudos sobre a resposta do girassol aos níveis de fertilizantes de azoto e fósforo, realizados por Al-Thabet (2006), Eba & MMM (2010), Ali et al. (2012), Ali et al. (2014) e Li et al. (2018), mostraram que a aplicação de azoto e fósforo melhora significativamente o crescimento e o rendimento.

CONCLUSÃO

Este estudo avaliou os efeitos da fertilização organo-mineral no crescimento e produtividade do girassol em condições de sequeiro na bacia sul do amendoal. Mais especificamente, avaliou-se o efeito de diferentes planos de fertilização no crescimento e produtividade do girassol na região. Os tratamentos de fertilização organo-mineral F6 e F9 apresentaram o melhor desempenho em termos de rendimento. O tratamento F6 registou uma produção de sementes de 738,5 ± 199,7 $kg.ha^{-1}$, enquanto o tratamento F9 obteve 569,5 ± 242,0 $kg.ha^{-1}$. Relativamente à produção de biomassa, o F6 produziu 1140,2 ± 262,8 $kg.ha^{-1}$, e o F9 obteve 721,9 ± 334,3 $kg.ha^{-1}$. O rendimento de cabeça foi de 1504,8 ± 390,3 $kg.ha^{-1}$ para F6 e 1172,9 ± 461,3 $kg.ha^{-1}$ para F9. O maior peso de mil sementes, com 51,1 ± 4,6 g, foi observado no tratamento F6, enquanto o tratamento F9 apresentou os maiores valores para o peso médio de uma cabeça de flor (18,39 ± 6,26 g) e o peso de sementes por cabeça de flor (8,91 ± 3,25 g). As plantas mais altas foram medidas nos tratamentos F6 (90,5 ± 5,5 cm) e F9 (87,0 ± 9,1 cm). A análise de componentes principais (PCA) revelou uma diferenciação significativa entre os tratamentos. O tratamento F6 foi associado à altura da planta, às variáveis de produtividade e ao peso de mil sementes. O tratamento F9 foi associado ao peso médio de uma cabeça de flor e ao peso de sementes por cabeça de flor. A classificação hierárquica ascendente (HAC) agrupou os tratamentos em classes distintas, revelando semelhanças e diferenças notáveis entre os grupos em termos de crescimento e rendimento do girassol, com o tratamento F6 a apresentar os valores mais elevados, seguido do tratamento F9. Em conclusão, este estudo contribui significativamente para a nossa compreensão do efeito da fertilização organo-mineral na cultura do girassol e oferece caminhos para a melhoria sustentável das práticas agrícolas na bacia do amendoim.

Apesar destes resultados promissores, há vários aspectos que exigem mais investigação para consolidar estas conclusões. Por conseguinte, fazemos as seguintes recomendações:

• Repetir o ensaio em condições diferentes para confirmar ou refutar os resultados obtidos através do estudo das interações variedade*ambiente*gestão;

• testar outras fórmulas de fertilização em combinação com matéria orgânica ;

• estudar o efeito do plano de fertilização nas propriedades químicas e biológicas do solo, a fim de promover uma gestão sustentável da fertilidade do solo.

REFERÊNCIAS

Abga, P. T. (2013). Determinação das opções de fertilização organo-mineral e densidade de sementeira para a intensificação da produção de milho na região leste do Burkina Faso. Dissertação de engenheiro de desenvolvimento rural.

Agreste (2014). Enquête Pratiques culturales 2011. Agreste. Les Dossiers- n°21-julho 2014. 70p.

Agridea (2007). Agridea - Girassol.

AGROPOL. (2023). Comunicado de imprensa sobre o projeto de cooperação para o desenvolvimento dos sectores das oleaginosas e das proteaginosas no Senegal. Paris. 2 de março de 2023. 1p.

Ahmed, N. A. K. (2022). Avaliação dos serviços e desserviços ecossistémicos prestados por culturas intermédias multisserviços e biofumigação para melhorar a produtividade do girassol (Tese de doutoramento, Institut National Polytechnique de Toulouse-INPT).

Ahmad, H. M., Wang, X., Fiaz, S., Azeem, F., & Shaheen, T. (2021). Resposta morfológica e fisiológica de Helianthus annuus L. ao estresse hídrico e correlação do conteúdo de cera para caraterísticas de tolerância à seca. Arabian Journal for Science and Engineering, 1-15.

Ahmad, M.I., Ali, A., He, L., Latif, A., Abbas, A., Ahmad, J., Ahmad, M.Z., Asghar, W., Bilal, M. & Mahmood, M.T. (2018). Efeitos do nitrogênio no crescimento do girassol: Uma revisão. Int. J. Biosci, 12, 91-101.

Ahmad, Q., Rana, M.A. & Siddiqui, S.U.H. (1991). Sunflower seed yield as influenced by some agronomic and seed characters. Euphytica, 56(2), 137-142.

Akanza, K. P., Sanogo, S., & N'Da, H. A. (2016). Influência combinada de adubos orgânicos e minerais na nutrição e rendimento do milho: impacto no diagnóstico de deficiência do solo. Tropicultura, 34(2), 208- 220.

Akanza, P. K., & Yoro, G. (2003). Efeitos sinérgicos de fertilizantes minerais e estrume de aves de capoeira na melhoria da fertilidade de um solo ferrallítico na Costa do Marfim ocidental. Agronomie Africaine, 15(3), 135-144.

Alberio, C., Izquierdo, NG, & Aguirrezábal, LAN (2015). Fisiologia e agronomia das culturas de girassol. Em Girassol (pp. 53-91). Imprensa AOCS.

Al-Amery, M. M., Hamza, J. H., & Fuller, M. P. (2011). Efeito da aplicação foliar de boro no crescimento reprodutivo do girassol (Helianthus annuus L.). Revista Internacional de Agronomia, 2011(1), 230712.

Al-Thabet, S. S. (2006). Efeito do espaçamento entre plantas e dos níveis de azoto no crescimento e rendimento do girassol (Helianthus annus L.). J. King Saud Univ. Agric. Sci, 19(1), 1-11.

Ali, A., Ahmad, A., Khaliq, T., Afzal, M., Iqbal, Z., & Qamar, R. (2014). População de plantas e efeitos do nitrogênio na produção de aquênio e na qualidade dos híbridos de girassol (Helianthus annuus L.). Na Conferência Internacional sobre Ciências Agrárias, Ambientais e Biológicas (AEBS-2014) abril (pp. 24-25).

Ali, A., Ahmad, A., Khaliq, T., Afzal, M., & Iqbal, Z. (2012). Rendimento de Achene e resposta de qualidade de híbridos de girassol ao nitrogênio em diferentes densidades de plantio. Na Conferência Internacional sobre Agricultura, Ciências Químicas e Ambientais (ICACES'2012) Out (pp. 6-7).

Alves, L. S., Stark, E. M. L. M., Zonta, E., Fernandes, M. S., Santos, A. M. D., & Souza, S.
R. D. (2017). Diferentes níveis de nitrogênio e boro influenciam a produção de grãos e o teor de óleo de uma cultivar de girassol. Ata Scientiarum. Agronomia, 39(1), 59-66.

Andrade, A.F., Vicosi, K.A., Bueno, A.M., Flores, R.A., Santos, C.L.R., Santos, G.G. & Mesquita, M. (2021). Aspectos nutricionais e de biomassa de Helianthus annuus em função da aplicação de boro no solo. Australian Journal of Crop Science, 15, 899-908.

ANSD. (2023). Boletim Mensal das Estatísticas do Comércio Externo. Dakar: ANSD ,12, 59p.

Beye, G., Ndione, J-A., Faye, A., Sall, A.B. & Ndiaye, D.S. (2012). Análise das potencialidades agrícolas e pastorais do departamento de Nioro du Rip, Dakar: CSE, 37 Slides.

Bonjean, A. (1993). Le tournesol : économie, origine, histoire, écologie, sélection. Les Editions de l'Environnement. 242 p.

Bonjean, A. & Pham-Delegue, M.H. (1986). Polinização do girassol. OPIDA 10.8.11, (99), 212-218.

Bret-Mestries, E., Debaeke, P., Seassau, C., Dechamp-Guillaume, G., Langlade, N., Aubertot, J. N., & Casadebaig, P. (2016). Dossiê Tournesol, 10 anos de investigação em colaboração - Resultados marcados.

Bureau Pédologie du Sénégal (B.P.S). (1993). Estudo semi-detalhado dos solos de Nioro. 123p.

Burke, J. M., Tang, S., Knapp, S. J., & Rieseberg, L. H. (2002). Genetic analysis of sunflower domestication (Análise genética da domesticação do girassol). Genetics, 161(3), 1257-1267.

CETIOM. (2004). Estádios de referência do girassol. In: CETIOM (Ed.), Guide de l'expérimentateur tournesol. Disponível em: http://www.cetiom.fr/tournesol/cultiver-du-tournesol/atouts- points-cles/stadesreperes/ (consultado em 10/01/2024).

CETIOM. (1999). O girassol em 99: técnicas de cultivo e contexto económico.

Chandrasekaran, B., Annadurai, K. & Somasundaram, E. (2010). Sunflower in Agronomy of field crops and biofuel plants, New Age International (P) Ltd, Publishers. p.594-597.

CNRA. (2023). Dados de ensaios de solos e plantas Nioro HIV 2023. Laboratório solo-água-planta

Dembele, I. (1994). Produção e utilização de estrume orgânico. Ficha sintética de informação. 19p.

Demol, J., Baudoin, J. P., Louant, P. B., Marechal, R., Mergeai, G., & Otoul, E. (2002). Melhoramento de plantas. Aplicação às principais espécies cultivadas nas regiões tropicais. Les presses agronomiques de Gembloux: 213-221.

Dieng, M. (2021). Efeitos de diferentes doses de fertilização organo-mineral nas propriedades químicas do solo, crescimento e rendimento do arroz (Oryza sativa L.) em Balmadou (Casamance- Senegal). 61p.

EBA, O., & MMM, A. (2010). Resposta do girassol (Helianthus annuus L.) à fertilização com fósforo e nitrogénio sob diferentes espaçamentos de plantas em new valley.

Ebrahimi, A. (2008). Contrôle génétique de la qualité des graines chez le tournesol (Helianthus annuus L.) soumis à la sécheresse (Doctoral dissertation, Institut National Polytechnique (Toulouse)).177p.

El Asri, M., Kayaf, M., & El Fachtali, M. (2002(a)). Effect of early water stress during the reproductive phase of sunflower. Actas do Primeiro Simpósio sobre o Desenvolvimento do Setor das Sementes Oleaginosas em Marrocos. Sociedade Marocaína de Agronomia (SMA), 211-215.

El Asri, M., Bamouh, A., Tahiri, I. & Kayaf, M. (2002(b)). Controlo da distribuição da água de irrigação entre as fases vegetativa e reprodutiva. Instituto Agronómico e Veterinário Hassan II.

El-Hassan, O. M., Ali, E. A., Mohamed, A. E., & Mohamed, M. Y. (2007). Resposta do girassol a diferentes tipos de fertilizantes e níveis de azoto na zona de sequeiro do Estado do Nilo Azul.

Escoffier, I. & Gipouloux, M. (2022). Fertilização dos girassóis em agricultura biológica. La France Agricole, 3948, Disponível em www.lafranceagricole.fr (consultado em 26/02/2024).

Evon, P. (2008). Novo processo de biorrefinaria para girassol de planta inteira por fracionamento termo-mecânico-químico numa extrusora de duplo parafuso: estudo da extração aquosa de lípidos e da moldagem do refinado em agromateriais por termomoldagem (Dissertação de doutoramento).

Fairhurst, T. (2015). Manual de gestão integrada da fertilidade do solo.176p.

Falisse, A., & Lambert, J. (1994). Fertilização mineral e orgânica. Agronomie Moderne, Bases Physiologiques et Agronomiques de la Production Végétale (EL HASSANI, TA et al., Eds.), Hatier, AUPELF-UREF, Paris, 377-398.

FAOSTAT (2023). Produção. Culturas e produtos animais. Culturas primárias e culturas derivadas. Girassol. Disponível em http://www.fao.org/faostat/fr/#data (consultado em 16/02/2024).

Fatahi, A., Safarian Zengir, V., Sobhani, B., Kianian, M., & Ghahremani, A. (2022). Avaliação e zoneamento de clima adequado para o desenvolvimento económico do cultivo de girassol (Helianthus annuus) cultura de jardim (Província de Ardabil, Irão). European Journal of Horticultural Science, 87(1), 1-12.

Faye, B. A. (2022). Efeitos do método de cultivo e da fertilização organo-mineral nas propriedades químicas do solo, crescimento e rendimento do arroz (Oryza sativa L.) em solos de sulfato ácido em Basse-Casamance.

Fertial. (2017). Manual de utilização de fertilizantes. 128p.

Fried, G., Le Corre, V., Rakotoson, T., Buchmann, J., Felten, E. & Chauvel, B. (2022). Consequências da utilização de variedades de girassol tolerantes a herbicidas na flora dos agrossistemas. Agronomie, Environnement & Sociétés, 12(1), art-17

Fougeroux, A., Leylavergne, S., Guillemard, V., Geist, O., Gary, P., Cenier, C., Caumes-Sudre, E., Senechal, C. & Vaissière, B. (2017). Efeito da atividade dos insetos polinizadores na polinização e no rendimento do girassol para consumo. OCL, 24(6): D603.

Gaye, A. T., Lo, H. M., Sakho-Djimbira, S., Fall, M. S. & Ndiaye, I. (2015). Senegal: Revisão do contexto socioeconómico, político e ambiental. Centre de suivi écologique: Dakar.

Gordeyeva, Y., Shelia, V., Shestakova, N., Amantayev, B., Kipshakbayeva, G., Shvidchenko, V., ... & Hoogenboom, G. (2023). Girassol (Helianthus annuus) Rendimento e componentes de rendimento para várias práticas agrícolas (data de semeadura, taxa de semeadura, fertilização) para estepe e condições de cultivo de estepe seca. Agronomia, 14(1), 36.

Hajduk, E., Gąsior, J., Właśniewski, S., Nazarkiewicz, M., & Kaniuczak, J. (2017). Influência da calagem e da fertilização mineral no rendimento e no teor de boro dos tubérculos de batata (Solanum tuberosum L.) e na massa verde do girassol forrageiro (Helianthus annuus L.) cultivado em solo loess. Journal of Elementology, 22(2).

Heiser, C. B. (1985). Algumas considerações botânicas sobre as primeiras plantas domesticadas a norte do México. Prehistoric food production in North America, 57-72.

Heiser, C. B., Smith, D. M., Clevenger, S. B. & Martin, W. C. (1969). Os girassóis norte-americanos (Helianthus). Memórias do Clube Botânico de Torrey, 22(3), 1-218.

Hlisnikovský, L., Kunzová, E., Hejcman, M., Škarpa, P., & Menšík, L. (2016). Efeito da aplicação de nitrogênio, boro, zinco e molibdênio na produção de girassol (Helianthus annuus L.) em phaeozem greyic na República Tcheca. Helia, 39(64), 91-111. https://doi.org/10.1515/helia-2015- 0011

Ibrahim, H. M. (2012). Resposta de alguns híbridos de girassol a diferentes níveis de densidade de plantas. Apcbee Procedia, 4, 175-182.

INA P-G. (2003). Fiche sur le tournesol. Departamento AGER. 21p.

ISRA. (1998). Relatório de actividades. Relatório anual-CNRA-1998. Senegal, 124 p.

CNRA Bambey (2023). Nioro Protocole Essai Fertilisation Tournesol Hiv 2023. 5p.

Jarecki, W. (2022). Efeito da variação da fertilização com azoto e micronutrientes no rendimento, quantidade e qualidade dos aquénios de girassol (Helianthus annuus L.). Agronomia, 12(10), 2352. https://doi.org/10.3390/agronomy12102352

Joseph, W., Saïdou, I. (2007). Estudo de viabilidade da soja e do girassol na zona algodoeira do Norte dos Camarões. Resultados da época experimental de 2006. Instituto de Investigação Agrária para o Desenvolvimento, Camarões. 55p.

Kandil, A. A., Sharief, A. E., & Odam, A. M. A. (2017). Resposta de alguns híbridos de girassol (Helianthus annuus L.) a diferentes taxas de fertilizantes nitrogenados e densidades de plantas. Revista Internacional de Meio Ambiente, Agricultura e Biotecnologia, 2(6), 238990.

Kaskarbaev, J., Pokhorukov, Y., Kitdralina, A., Sasykov, A., Werner, A. (2023). Tecnologia de cultivo de sementes oleaginosas no norte do Cazaquistão. A.I. Baraev Research and Production Center for Grain Farming. Disponível em linha: https://baraev.kz/statya/427-tehnologiya-vozdelyvaniya- maslichnyh-kultur-na-severe-kazahstana.html?ysclid=lepbd5nao0680069173y.

Kaya, Y., Evci, G., Durak, S., Pekcan, V., & Gücer, T. (2007). Determinação das relações entre rendimento e atributos de rendimento no girassol. Turkish Journal of Agriculture and Forestry, 31(4), 237-244.

Killi, F. A. T. I. H. (2004). Influência de diferentes níveis de azoto na produtividade de girassóis oleaginosos e de confeção (Helianthus annuus L.) sob diferentes populações de plantas. Revista Internacional de Agricultura e Biologia, 4, 594-598.

Leclercq, P., Cauderon, Y., & Dauge, M. (1970). Seleção para resistência ao míldio em girassol a partir de híbridos Topinambour x Sunflower. Ann Amél Plantes, 20(3), 363-373.

Lecomte, V. & Nolot, J.M. (2011). Place du tournesol dans le système de culture, Innovations Agronomique, 14, 59-76.

Lecomte, J. (1962). Observações sobre a polinização dos girassóis (Helianthus annuus L.). Les Annales de l'Abeille, 5(1), 69-73.

Lepennetier, A. (2015). Resistência parcial ao phoma do girassol: abordagem epidemiológica e medição dos componentes de resistência (Tese de doutoramento, Universidade de Lorraine).

Li, J.; Qu, Z., Chen, J., Yang, B., & Huang, Y. (2019). Efeito da densidade de plantio no crescimento e rendimento do girassol sob irrigação por gotejamento com cobertura morta.

Water, 11(4), 752. https://doi.org/10.3390/w11040752.

Li, S. T., Yu, D. U. A. N., Guo, T. W., Zhang, P. L., Ping, H. E., & Majumdar, K. (2018). Resposta do girassol à fertilização com potássio e estimativa das necessidades de nutrientes. Journal of Integrative Agriculture, 17(12), 2802-2812. https://doi.org/10.1016/S2095-3119(18)62074-X.

Linz, G. M., & Hanzel, J. J. (1997). Birds and sunflower. Sunflower technology and production, 35, 381-394.

Maertens, C., & Bosc, M. (1981). Estudo da evolução do enraizamento do girassol (variedade Stadium).

Machikowa, T & Saetang, C (2008). Análise de correlação e coeficiente de caminho no rendimento de sementes em girassol. Suranaree Journal of Science Technology, 15(3), 243-248.

Mas sementes (2024). O essencial do girassol. Um guia técnico para um cultivo bem sucedido. 44p.
Disponível em: clique aqui

Mazoyer, M. (2002). Larousse agricole: Le monde paysan au XXIe siècle. Paris: Larousse, 695- 697.

Merrien, A. (1986). Fisiologia do girassol. Cahier Technique Tournesol, Ed. CETIOM, 47 p.

Mojiri, A., & Arzani, A. (2003). Efeitos da taxa de azoto e da densidade das plantas no rendimento e nos componentes do rendimento do girassol.

Naima, M., & Imane, M. (2013). Contribuição para o estudo bibliográfico sobre fertilizantes e suas análises (Dissertação de Doutoramento, Faculdade de Ciências e Tecnologia).

Ndiaye, A., Ndiaye, O., Bamba, B. & Gueye, M. (2019). Efeitos da fertilização organo-mineral no crescimento e rendimento do painço sanio (Pennisetum glaucum LR Br) na Alta Casamança (Senegal). Revista Científica Europeia, novembro, 15(33), 1857- 7431.

Ndiaye, A., & Hereau, G. (2012). Curso de Agronomia-3ème ano (ENSA).

Nouri, L., Ykhlef, N., & Sarrafi, A. (2011). Identificação de marcadores fisiológicos de tolerância à seca em girassol.

Nsome, P.A. (1999). Régénération des sols dégradés dans le Bassin arachidier : optimisation de l'eau et des éléments nutritifs du maïs, dissertation. ENCR.

OCDE (2006), "Section 9 - Sunflower (Helianthus Annuus L.)", em Safety Assessment of Transgenic Organisms, Volume 1: OECD Consensus Documents, OECD Publishing, Paris. Disponível em: https://doi.org/10.1787/9789264095380-12-e (consultado em 05/01/2024).

Osama, M., Elhassan, A., Elnaiem, A., Mohamed, A. A. E., & Mohamed, M. Y. (2010). Resposta do girassol a diferentes tipos de fertilizantes e níveis de azoto na zona de sequeiro do Estado do Nilo Azul. Agricultural Research Corporatio Unit, Wad Medani, 26-34.

Ouandaogo, N., Ouattara, B., Pouya, M. B., Gnankambary, Z., Nacro, H. B., & Sedogo, P.

M. (2016). Efeitos de adubos organominerais e rotações de culturas na qualidade do solo. Jornal Internacional de Ciências Biológicas e Químicas, 10(2), 904-918.

Ouédraogo, E., Mando, A., & Zombré, N. P. (2001). Utilização de composto para melhorar as propriedades do solo e a produtividade das culturas num sistema agrícola com poucos factores de produção na África Ocidental. Agricultura, ecossistemas e ambiente, 84(3), 259-266.

Parker, F. D. (1981). Sunflower pollination: abundance, diversity, and seasonality of bees on male-sterile and male-fertile cultivars. Environmental Entomology, 10(6), 1012-1017.

Pattanayak, S., Behera, A. K., Das, P., Nayak, M. R., Jena, S. N., & Behera, S. (2017). Desempenho de híbridos de girassol de verão (Helianthus annuus L.) sob diferentes práticas de gestão de nutrientes na costa de Odisha. Jornal de Ciências Aplicadas e Naturais, 9(1), 435-440.

Petit, J., & Jobin, P. (2005). A fertilização orgânica das culturas: as bases. Federação da Agricultura Biológica do Québec.

Pieri C. (1989). Fertilité des terres de savanes. Trinta anos de investigação e desenvolvimento agrícola a sul do Sara. Paris, Ministério da Cooperação e do Desenvolvimento, CIRAD-Irat, La Documentation française. 444 pp.

Putnam, D. H., Oplinger, E. S., Hicks, D. R., Durgan, B. R., Noetzel, D. M., Meronuck, R. A., & Schulte, E. E. (1990). Sunflower. Alternative Field Crops Manual.

Pressenza (2019). Senegal: a agricultura biológica ao serviço da sociedade. Disponível em https://www.pressenza.com/fr/2019/07/senegal-lagriculture-biologique-au-service-de-la-societe/ (consultado em 18/01/2024).

Ramde, R. (2014). Caracterização física e bioquímica de 12 variedades e 16 cultivares de girassol (Helianthus annuus. L). Dissertação de fim de ciclo. Universidade Politécnica de Bobo- Dioulasso, Burkina Faso.

Rondanini, D., Mantese, A., Savin, R., & Hall, A. J. (2006). Respostas do rendimento do girassol e da qualidade do grão a regimes alternados de altas temperaturas dia/noite durante o enchimento do grão: efeitos do momento, duração e intensidade da exposição ao stress. Field Crops Research, 96(1), 48- 62.https://doi.org/10.1016/j.fcr.2005.05.006

Rollier, M. (1972). Necessidades nutricionais do girassol. In Proceeding 5th International sunflower conference, Clermont Ferrand, França (pp. p73-76).

SEDAB/BIOTOSS. Folhetos informativos: o processo de fabrico e utilização de fertilizantes orgânicos.

Sefaoğlu, F., Ozturk, H., Oztürk, E., Sezek, M., Toktay, Z. & Polat, T. (2021). Efeito de fertilizantes orgânicos e inorgânicos ou suas combinações no rendimento e nos componentes de qualidade do girassol de semente oleaginosa em um ambiente semi-árido. Turkish Journal of Field Crops, 26(1), 88-95.

Seiler, G. J. (1997). Anatomia e morfologia do girassol. Sunflower technology and production, 35, 67-111.

Siboukeur, A. (2013). Apreciação do valor fertilizante de diferentes tipos de estrume (Dissertação de doutoramento, Université Kasdi Merbah-Ouargla).

Sincik, M., Goksoy, A. T., & Dogan, R. (2013). Respostas do girassol (Helianthus annuus L.) às taxas de irrigação e fertilização com nitrogênio.

Soltner, D. (2011). Os fundamentos da produção vegetal. Tomo I. O solo e o seu melhoramento.
Coleção Sciences et Techniques Agricoles, 23ª. Ed. Paris, 472p.

Soltner, D. (2005). Les grandes productions végétales. Sciences et techniques agricoles.

**Somda, B. B., Ouattara, B., Serme, I., Pouya, M. B., Lompo, F., Taonda, S. J. B., & Sedogo,
P. M. (2017)**. Determinação das doses óptimas de adubos organo-minerais em microdose na zona Sudano-Saheliana do Burkina Faso. Revista Internacional de Ciências Biológicas e Químicas, 11(2), 670-683.

SODEFITEX. (2011). Avaliação da cultura do girassol no Senegal

SODEFITEX. (2005). Experimentação do girassol no Senegal (campanha de 2005), 11p.

Steiner, F., & Zoz, T. (2015). A aplicação foliar de molibdénio melhora a absorção de azoto e o rendimento do girassol. Jornal Africano de Investigação Agrícola, 10(17), 1923-1928.

Ştefan, I. O., & Constantinescu, E. (2022). Pesquisa sobre o comportamento de algumas culturas de girassol nas condições específicas da Área Norte do Condado de Olt. Anais da Universidade de Craiova - Série de Cadastro de Agricultura Montanologia, 52 (2), 170-173.

Süzer, S. (2010). Efeitos do azoto e da densidade de plantas em híbridos de girassol anão. Helia, 33(53), 207-214.

Syngenta (2013). O guia de culturas de rendimento do girassol -NK Seeds.

Temagoult, M. (2009). Análise da variabilidade da resposta ao stress hídrico em linhas recombinantes de Girassol (Helianthus annus L.). Diplôme de magistère en Biotechnologies Végétales. Universidade de Mentouri, Constantine.

Terres Univia e Terres Inovia. (2022). Qualidade das sementes. Colheita 2022

Terre Inovia e Lidea (2023) Veronika. Fiche variétal du tournesol.

Terres Inovia. (2023(a)). Guide de culture du tournesol. Disponível em www.terresinovia.fr (acedido em 05/01/2023).

Terres Inovia. (2023(b)). Orobanche cumana: utilizar soluções adaptadas à sua situação. Disponível em: https://www.terresinovia.fr/-/orobanche-cumana-utiliser-des-solutions-adaptees-a- votre-situation (consultado em 23/06/2024).

Terres Inovia. (2020). Os factos verdadeiros e falsos sobre a irrigação do girassol [Documento WWW]. Disponível em : Irrigation du tournesol : faire une croix sur les idées reçues (terre-net.fr) (acedido em 22/06/2024).

Thebaud, V. e Scheiner, J. (2010). Uma das chaves da cultura do girassol: o desenvolvimento das raízes. Parecer de peritos. Escola de Engenharia Purpan, Toulouse, França.

Tounkara, A., Sarr, S., Ndiaye, M., Senghor, Y. & Camara, B. (2022). Renovação da fertilidade do solo em sistemas de cultivo baseados em painço na bacia do amendoim do Senegal: tendências e caminhos para melhorias. African & Mediterranean Agricultural Journal -Al Awamia (137). p.139-161

Tounkara, A., Clermont-Dauphin, C., Affholder, F., Ndiaye, S., Masse, D., & Cournac,

L. (2020). A eficiência do uso de fertilizantes inorgânicos na cultura do painço aumentou com a aplicação de fertilizantes orgânicos na agricultura de sequeiro em pequenas propriedades no centro do Senegal. Agriculture, Ecosystems & Environment, 294, 106878. https://doi.org/10.1016/j.agee.2020.106878

Vear, F. (1992). Sunflower. Melhoria das espécies vegetais cultivadas: objectivos e critérios de seleção. Paris (França): Inra.

Wajid Nasim, W. N., Ashfaq Ahmad, A. A., Asghari Bano, A. B., Olatinwo, R., Muhammad Usman, M. U., Tasneem Khaliq, T. K., ... & Muzzammil Hussain, M. H. (2012). Efeito do azoto no rendimento e na qualidade do óleo de híbridos de girassol (Helianthus annuus L.) em condições sub-húmidas do Paquistão.

Dados das contas nacionais do Banco Mundial. (2022). Agricultura, silvicultura e pesca, valor acrescentado (% do PIB) - Senegal. Disponível em Agricultura, silvicultura e pesca, valor acrescentado (% do PIB) - Senegal | Dados (worldbank.org) (acedido em 21/02/2023).

Xiao, S., Chen, S. Y., Zhao, L. Q., & Wang, G. (2006). Efeitos da densidade no crescimento da altura das plantas e desigualdade nas populações de girassol. Journal of Integrative Plant Biology, 48(5), 513-519.

Yerima, B. P. K., Tiamgne, A. Y., & Van Ranst, E. (2014). Resposta de duas variedades de girassol (Helianthus sp.) à fertilização com esterco de galinha em um Ferralsol Hapli-Húmico no Yongka Western Highlands Research Garden Park (YWHRGP) Nkwen-Bamenda, Camarões, África Central. Tropicultura, 32(4).

Zheljazkov, V. D., Vick, B. A., Baldwin, B. S., Buehring, N., Coker, C., Astatkie, T., & Johnson, B. (2011). Produtividade e composição do óleo de girassol em função do híbrido e da data de plantio. Industrial crops and products, 33(2), 537-543.

APÊNDICE

Apêndice 1: Procedimento de recolha de dados

Dados	Variável	Unidade	Período	Número
Clima	Humidade do ar	%	junho - outubro	Por dia
	Irrigação suplementar	m3	junho - outubro	Por dia (se aplicável)
	Precipitação	mm/dia	junho - outubro	Por dia
	Temperatura do ar	mínimo e máximo	junho - outubro	Por dia
Solo	Granulometria: argilosa, siltes, areias (5 fracções)	%	Antes da lavoura	Antes de iniciar o ensaio: 3 amostras compostas por estação: 0-20 cm de profundidade para a situação de referência Na colheita experimental: 1 amostra por variedade e por estação: 0-20 cm de profundidade Mandar analisar no laboratório de solos do ISRA (CNRA)
	pH (água)	Valor	Antes da lavoura	
	Azoto total (N)	%	Antes de trabalhar no chão	
	Carbono total (C)	%	Antes da lavoura	
	Relação C/N	Cálculo	Antes de trabalhar no chão	
	Fósforo assimilável	ppm	Antes da lavoura	
	Bases intermutáveis (Ca, Mg, Na, K)	cmol/kg	Antes de trabalhar no chão	
	Capacidade de permuta catiónica (CEC)	cmol/kg	Antes da lavoura	
Fenológico	50% de tempo de elevação	JAS	De 3 JAS	Em cada parcela útil
	Duração de 50% de floração	JAS	De 15 a 20 JAS	Em cada parcela útil
	Duração de 50% do vencimento	JAS	De 50-60 JAS	Em cada parcela útil
Morfologia agrícola	Altura (comprimento) de fábrica	cm	30e e 60e JAS	10 plantas ao acaso por parcela e data
	Densidade	planta/parcela	15e , 30e e 60e JAS	10 plantas ao acaso por parcela
	Peso da biomassa acima do solo secador	kg/parcela	0 e 21-30 JAR	Em cada parcela útil
Rendimento e seus componentes	Número total de cabeças de flores por planta	Contagem	Na altura da colheita	10 plantas ao acaso por parcela
	Peso seco de uma cabeça de flor	Contagem	Na altura da colheita	10 plantas ao acaso por trama
	Número de sementes por capitula	Contagem	Na altura da colheita	10 plantas ao acaso por parcela útil
	Peso seco das sementes	kg/parcela	A 10-12% humidade	Em cada parcela útil
	Peso 1000 sementes	grama	21-30 JAR	5 lotes de 1000 sementes por parcela

DAS (dias após a sementeira), **DAR** (dias após a colheita)

Apêndice 2: Scripts R utilizados para processar e analisar dados

Manchas	Scripts utilizados
Importação	Fert_Tournesol<- read.csv("C:/Users/DELL/Documents/Données Tournesol fertilisation.csv", h=T,sep=";",dec=",")
Visualizar dados	Ver(Fert_Tournesol)
Natureza das variáveis no conjunto de dados	str(Fert_Tournesol)
Os primeiros 6 valores de cada variável	head(Fert_Tournesol)
Nomes de variáveis do conjunto de dados	nomes(Fert_Tournesol)
Anexar nomes de variáveis	attach(Fert_Tournesol)
Converter para factores de bloco e de dose	Bloco=como.fator(bloco); Dose de fertilização =como.fator(Dose)
Estatísticas descritivas	resumo(Fert_Tournesol)
Análise de variância Verificação dos pressupostos Normalidade Homogeneidade de variância	library(agricolae) ; model2<-aov(PMG~Bloc + Dose, data = Fert_Tournesol); summary(model2) residus<-residuals(model2); shapiro.test(residus) bartlett.test(residus~Dose, data= Fert_Tournesol)
Comparação de médias	Turkey2<- HSD.test(model2, "Dose",group=TRUE,console=TRUE)
Fertilização isolada com barras de erro + representação gráfica	library(dplyr); agro.summary2 <- Fert_Tournesol %>%; group_by(Dose) %>% summarise(sd = sd(PMG), PMG = média(PMG))
Gráficos de barras + barras de erro	library(ggplot2); ggplot(agro.summary2, aes(x=Dose, y=PMG)) + geom_col(aes(fill = Dose), position = position_dodge(0.8), width = 0.7)+ geom_errorbar(aes(ymin = PMG, ymax = PMG +sd), width = 0.2, position = position_dodge(0.8))+ xlab(label="Traitement")+ ylab(label="Poids mille graines (g)")+ theme_bw()+theme(panel.grid = element_blank())
Correlação entre variáveis Correlação bidirecional	library(agricolae); library(correlation); analysis<-correlation(Fert_Tournesol, method="pearson") pares(Fert_Tournesol)
Análise de componentes principais Com Factominer Valor próprio e variância acumulada Visualizar cos2 e variáveis contrib	res.pca1 <- PCA(Fert_Tournesol, scale.unit=TRUE, graph=F) ; plot.PCA(res.pca1,axes=c(1,2,3),choice="var", col.quanti.sup = "red") eig.val<-get_eigenvalue(res.pca1) fviz_cos2(res.pca1, choice="var", axes=1); fviz_cos2(res.pca1, choice="var", axes=1:2); fviz_cos2(res.pca1, choice="ind", axes=2); fviz_cos2(res.pca1, choice="ind", axes=1:2)

Apêndice 3: Algumas das principais etapas do ensaio

Printed by Books on Demand GmbH, Norderstedt / Germany